颜廷君 — 著

给人生插花

中国书籍出版社
China Book Press

图书在版编目（CIP）数据

给人生插花 / 颜廷君著 . —北京：中国书籍出版社 , 2017.8
ISBN 978-7-5068-6334-6

Ⅰ . ①给… Ⅱ . ①颜… Ⅲ . ①人生哲学—通俗读物
Ⅳ . ① B821-49

中国版本图书馆 CIP 数据核字（2017）第 183933 号

给人生插花

颜廷君　著

图书策划	牛　超　崔付建	
责任编辑	武　斌	
责任印制	孙马飞　马　芝	
出版发行	中国书籍出版社	
地　　址	北京市丰台区三路居路 97 号（邮编：100073）	
电　　话	（010）52257143（总编室）　（010）52257140（发行部）	
电子邮箱	eo@chinabp.com.cn	
经　　销	全国新华书店	
印　　刷	三河市华东印刷有限公司	
开　　本	710 毫米 × 1000 毫米　1/16	
字　　数	260 千字	
印　　张	15.5	
版　　次	2017 年 9 月第 1 版　　2021 年 1 月第 2 次印刷	
书　　号	ISBN 978-7-5068-6334-6	
定　　价	98.00 元	

自　序

　　科学与文明是人类的两个翅膀。科学生产产品，文明生产人。当下，科学的翅膀遮天蔽日，而文明的翅膀病态萎缩。

　　有一种观念认为：经济的发展可以解决任何问题。这是对文化建设意义的无知，流弊无穷。爱因斯坦说："我绝对相信，在这个世界上，财富绝不能使人类进步。"经济增长速度再快，也快不过膨胀的欲望。新的道德体系、价值体系重建的现实意义不亚于经济建设。人与自然、人与人的不和谐，首先是人心的不和谐。一个信仰缺失、金钱权力至上、道德体系分崩离析的社会必然危机重重。左宗棠云："天下之乱，由于吏治不修，吏治不修，由于人才不出，人才不出，由于人心不正，此则学术之不讲也。"文化建设的必要性不言而喻。社会道德体系、价值坐标的重建离不开国家对文化建设的重视、引导和投入。我们欣喜地看到执政党在"打老虎、打苍蝇"，"照镜子、正衣冠、洗洗澡、治治病"。执政党立足于党建工作，是全社会重建道德体系重塑价值体系的引爆点。作为"人民"不应静观其变或只热衷于监督，而应自我反省，提升自身的道德修养重塑人生观，"从我做起，从现在做起"。在这个充满机会和挑战的追梦时代，作为"文化人"，在文化建设方面更应有所作为。我们建设什么样的社会道德体系？重塑什么样的价值体系？建设什么样的精神家园？以怎样的方式建设？这是政府面临的问题，也是"文化人"面临的问题。增加对文化建设的投入，探索、制定保障文化建设落地生根的规章制度是政府应有的作为；"国家兴亡，匹夫有责"，作为人民的一分子，"文化人"的一分子，理应有所担当。写作《给人生插花》的初衷、动念正基于此。

《给人生插花》的形式是大散文，本质是人生哲学，是哲学的艺术表达。狭义的人生哲学，是人的思想和行为的标准，是理想的生活模式；广义的人生哲学是人生智慧，它包括狭义人生哲学。《给人生插花》是广义的人生哲学。有关人生哲学的著作浩如烟海，《给人生插花》的价值和存在意义在哪里？

"过去的"人生哲学，有的是古文，或半文半白，对英语水平普遍高于古汉语水平的当代人来说，阅读是个阻碍。《给人生插花》追求简约、微言大义、深入浅出。《给人生插花》有些思想观点或"早已有之"，似有拾人牙慧之嫌，然而就像在尼采惊呼"上帝死了"之后，萨特在回答记者提问时又公开宣称："各位，我要告诉你们一个消息，上帝死了。"——这已经是旧闻，但萨特的诠释是新的，我的诠释也是新的。《给人生插花》刻意规避以概念、逻辑为材料建构的话语体系。抽象的概念让人感到空洞、枯燥乏味，事物一旦抽象成概念，就失去了鲜活成为"标本"。概念很难准确表达思想感受，要使表达逼近本真，必须借助形象进行"艺术表达"。《庄子》的表达是艺术表达的理想境界。当下的案例教学属艺术表达，只是境界有高下之分。《给人生插花》中的篇幅有的像论文、像随笔，有的像散文、像小说，像又不像，"似龙而非龙者也"。非刻意为之，实是自然而然。写作时不考虑隶属哪一种文本，好处显而易见：思想没有束缚。

如果非要给《给人生插花》归类的话，就叫演讲稿。此书上架，可归入文学类，也可以是哲学类。就像虫草，可以是虫，可以是草，亦虫亦草。

西方那些深湛的哲学，还没有摸着生活的门。——林语堂如是说，我也这么认为。

人不能两次踏进同一条河流。过去的人生哲学已成明日黄花，人生哲学必须与时俱进。《给人生插花》从过去中发现，从继承中创新。发现是"已有"的价值，在发现"已有"的基础上创造新价值，就像蜜蜂把花酿成蜜，就像奶牛把草变成奶。过程是隐性的。《给人生插花》立足当下，试图建构新的人生哲学。冯友兰把古今中外的人生哲学流派笼统地划分为"损道""益道""中道"，然后再行细分。诸子百家仁山智水各执一论。一书未读，则一论不知。作者不能通读天下书，自不敢"一言以蔽之"予以肯定或否定。然则没有一家之论为当代人普遍认同并身体力行却是不争的事实。旧的价值体系分崩离析，金钱与权力成为社会价值驱动，世风江河日下，为道德绘蓝图，为人生立坐标，重构社会价值体系的意义不言而喻。

春秋战国时代，中国文化的天空星光灿烂。秦汉以后，能给后人留下启迪和教益的，代不几人，人不几篇，篇不几语。作者深知在文化上有所建树之不易，凭一己之力，纵皓首穷经亦无济于事；效法愚公移山，再让子承父志，"子又有子，子又有孙"，时不我待。然则盲人骑瞎马夜半临深池因无知而无畏，此举倘能引起更多人的关注和跟进，一不小心形成蝴蝶效应，千万亿只蝴蝶扇动翅膀，世界因此生动，纵不测亦悲壮，无怨无悔。那是个可以创造的梦！佛说：信即得救。

为全国各地党政干部培训班，及清华、北大、交大、复旦、浙大等著名高校总裁班，讲授人生哲学十年有余。作者发现，近年党政干部、企业家及其他社会精英阶层培训需求的重点越来越多地从技术层面转向文化层面，人生哲学、国学、人文素养类课程的需求越来越大。这是一种征兆，是新文化的曙光！为适应、引领"市场需求"，作者不断地学习、思考、开发"新产品"以为教学之用，林林总总，不成体系。然而，就像在荒原上栽树，栽的树多了就成了树林，成了森林，成了气候。所以一直没有整理出版主要的原因有二，一是有种"阿囡本是初笄女，妆未梳成不许看"的情结；二是"追求完美"，感觉还有许多东西没能参透，没能形成所谓的理论体系。"追求完美是人类的疯狂之举"，"没有最好，只有更好"，这两句话鼓励了我，成为我把没有成熟的"青果"放到《给人生插花》这个"篮子"里，抛出来的理由。

　　是为序。

目　录

第一章　灵魂的歌声

一、千年之问

"人类一思考，上帝就发笑。"这是犹太人的一句格言。

你可以想象你有一颗蛀牙，蛀牙里的细菌在那里思考生命的意义，讨论天文学——也就是讨论你的口腔是有限还是无限的问题，你发不发笑？

《圣经》上说，人是上帝创造的，那么上帝和人的关系就好比作者和作品。这层关系跟我们与蛀牙里的细菌关系有所不同。作品幼稚，作者发笑——想当然是自嘲。如果说人类"思考"是幼稚、美中不足，人类不思考，或者不会思考就是败笔。万能的上帝怎么会出现这么大一个败笔？上帝创造的人会思考，有主观能动性，可以通过"思考"自我完善，上帝会因此感到欣慰。由此推想，"人类一思考，上帝就发笑"，这个笑是自鸣得意。

现在，我们思考：人为什么活着？换一个问法：人生的意义是什么？这是个古老而又常新的哲学问题。人要想活得明白，活得有品质，有品位，必然会对人生哲学感兴趣。

要回答这个问题，首先须明白什么是人生。

什么是人生？冯友兰认为这是个"煞有介事"的问题。我们要了解一件事情的真相，一定是不知其内幕的局外人。譬如，记者采访总统，想了解政局的真相，是因为他不是总统。对于总统而言，政局的真相就是他做的事，心里很清楚，不必打听，无从打听。对于人生，也是如此。人生的当局者是我们自己。吃饭是人生，谈恋爱是人生，养儿育女是人生，工作是人生……简言之，人的行为就是人生。笛卡尔说："我思故我在。"思想是人生的组成部分，对于哲学家、艺术家而言，思想是人生的重要组成部分。综合冯友兰和笛卡尔两家之言：人的思想和行为是人生。

人生有什么意义？有一种观点：人生没有意义。人就像草木、动物一样，是一种"自然现象"。对于自然现象的问题，应该问"是什么"，不应当问"为什么"。目的论者亚里士多德说："天地生草是为畜生预备的食物，生畜生是为人预备的食物。"这种观点实在令人怀疑，有人嘲笑目的论者："如果什么事都有目的，人所以生鼻，岂不可以说是为了架眼镜？"人来到这个世界，不是由自己的主观意志决定的，不是为得到什么才来到这个世界的，人生本无目的和意义。

萨特认为一切事物"就在那里"——客观存在着，无目的意义可言，这些客观存在想获得"意义"，需依赖"意识"。如果没有人的意识，来评价宇宙万物及历史事件的价值，那么这一切意义从何而来？意识可赋予事物以意义。基于对"意义"这样的认识，我们回答什么是人生意义：

人生意义不是你要问的问题，而是你应该回答的问题。你认为人生意义是什么，就去做认为有意义的事，做了就是你人生的意义。每个人认为有意义（有意思）的事不同，"选择"就不一样，因而人生意义因人而异。不存在唯一的、普遍意义上的人生意义。

有人请教释迦牟尼关于世界、人生起源及人生意义等问题，释迦牟尼用一个例子来表达自己的看法："一个人中了毒箭，医生准备给他治疗，他说：'先不要治疗，我要先搞清楚这是谁射的箭，他为什么要射我？'只怕这个中毒箭的人还没有把真相搞清楚，已经毒发身亡了。"

释迦牟尼的意思是说，人生苦短，不必过于专注诸如人生意义等许多抽象问题，而应该把注意力集中到解决当下的苦恼，"离苦得乐"。这样一来，我们对人生意义的叩问就转换成了另外一个话题：人生最要紧的就是摆脱苦难，获得幸福与快乐。

人生本无意义和人生有意义的观点并不矛盾：人生本无意义，但人生可以创造意义，意识可以赋予人生以意义。人生最要紧的不是"意义"，而是摆脱困境，获得幸福和快乐。

二、黄毛女现象

匈牙利诗人裴多菲有一首诗《自由与爱情》：

> 生命诚可贵，
> 爱情价更高，
> 若为自由故，
> 两者皆可抛。

这首小诗深入触及了人生价值观念、价值体系和价值排序问题。价值体系是由许多价值观念构成，不同的价值观念在价值体系中占据的位置不同，换句话说就是价值排序不同，居于核心地位的价值观念主导、制约着其他价值观念。从诗中我们发现，"自由"在作者价值体系的排序中是第一位的，排在爱情和生命之前；其次是"爱情"；排在第三位的是"生命"。追求"自由"，为"自由"而奋斗，是作者认定的人生价值。假设"自由"实现了，一个国家所面临的首要任务发生了变化，作者所追求的目标必然会随之改变。因此看来，人的价值观是与时代密切相关。

要实现人生价值必须追求，追求的指向是人生目标，相对稳定和长远的人生目标是理想。理想对于人生的作用有很多形象的比喻：灯塔，源动力等。理想实现了，人生价值就实现了。那么，理想没实现，人生就没价值或应该打折扣吗？诗人裴多菲，还有把他这首诗翻译到中国的殷夫，都在他们为之奋斗的目标实现之前牺牲了，他们的追求就没有价值？答案是否定的。追求的过程就是实现人生价值的过程。把个人的理想与民族的命运联系在一起，是民族的脊梁，民族的精魂！

看"神州"大地，假如不是睁着眼睛说瞎话，我们应坦率地承认，中国在经济腾飞的同时，道德蒙尘，世风江河日下，世俗、庸俗、恶俗、腐败，崇高的民族精魂往往要到坟墓中挖掘，真善美在哭泣。呜呼哀哉！如果要对众生的精神现状进行概括，只需把裴多菲的小诗略作改动即可：

> 爱情诚可贵，
> 生命价更高，
> 若为权钱故，
> 两者皆可抛。

为了金钱与权力，抛弃爱情，不惜"过劳死"，甚至于不惜以身试法的，绝对不是个别现象。某网站有一热贴，发贴"楼主"是个黄毛女（头像）。内容如下：

京剧《白毛女》里地主黄世仁爱上杨白劳的闺女喜儿,想娶来做小老婆。杨白劳"Out"了,不同意;喜儿脑瘫,犯贱,铁了心要嫁大春这个穷光蛋。黄世仁是有钱人,喜儿嫁给他,不用干活,天天吃喝玩乐,老爹也跟着享清福。父女俩因为太固执,导致悲剧发生:杨白劳上吊一死了之,喜儿逃到山里当野人,成了白毛女。如果你是女生,是喜儿,你会嫁给谁?

跟贴人数超过百人,只有不到20%的人选择嫁给大春,80%的人情愿嫁给黄世仁。选择黄世仁的女生中,有相当一部分决定暗地里与大春偷情,生个大春的儿子,把黄世仁的家产继承过来,等黄世仁老死了,再跟大春结婚。网名"红袖"的女生为此担忧:"要是黄世仁跟彭祖一样活八百岁,大春就惨了!""天生我才"献计献策:"给黄世仁下毒!"

从"黄毛女"们的价值排序中我们发现:20%的人把爱情排在第一位,金钱排在第二位;80%的人把金钱排在第一位,爱情排在第二位;为达到目的,不择手段,不惜道德败坏,违法犯罪。

因发贴、跟贴的头像大都是"黄毛女"故,我把这一现象戏称为"黄毛女现象"。窥一斑而见全豹,社会价值体系沦丧到这种地步,让人情何以堪!

哲学是文化的医生,诊断是为了救治,文明亟待拯救,每个人都是拯救者!

马斯洛把人的需求分为五个层次:生理需求,安全需求,情感需求,被尊重的需求,自我价值实现的需求。自我价值实现是人生最高层次的需求。如果我们把"需求层次论"当作人生观来看,实现了"自我价值"就是最高层次的享受——最大的幸福。

什么是自我价值实现？价值实现就是商品卖了出去，获得了利润；自我价值实现就是在对社会做出贡献的过程中，收获到了幸福。这是利他主义的人生观。利他主义是分层次的，对家人的利他主义是最基本的层次，对身处其中的组织的利他主义是第二层次，上升到国家民族的利他主义是第三层次，上升到全人类的利他主义是第四层次，也是最高层次的利他主义。需要指出的是，为一家、一组织乃至"一国之私利"，不惜牺牲他人、社会的利益，不惜搞乱世界，甚至于不惜给其他民族带来伤害、灾难的行为，不是真正意义上的利他主义，利他主义的基础和前提是不损害他人、社会和其他国家民族的利益。

人生意义的指向是人生价值，"利他"就是人生的价值。人生的价值和幸福，在追求目标理想的过程中体现，实现。

三、一个时尚的话题：你幸福吗？

拿什么衡量幸福？《小康》盘点中国人的幸福感，给出"中国人幸福感的十大标准"——下简称"十大标准"。似乎只要把自己的现状跟"十大标准"进行比较，就一目了然了。

No.1 最具资本的幸福：身体健康。

No.2 最具成就感的幸福：收入满意。

No.3 最温馨的幸福：和家人在一起。

No.4 最浪漫的幸福：得到爱。

No.5 最安心的幸福：有一套属于自己的住房。

No.6 最超值的服务：自身价值和能力得到体现。

No.7 最实在的幸福：吃到安全健康的食品。

No.8 最基本的幸福：在优良的自然环境中生活。

No.9 最长久的幸福：社会安全。

No.10 最可靠的幸福：有值得信赖的朋友。

看罢,想到了金圣叹的"不亦快哉"。"十大标准"是在多大范围的"民调"基础上产生的，能否代表中国人的幸福感？这个问题存而不论，我们推敲一下"十大标准"。譬如 No.2，收入满意。大多数人无论收入多少都不满足。No.3，和家人在一起。儿子、女儿出国了，父母就一定不幸福？ No.5，有一套属于自己的住房。租房子住的人就不幸福？有房的人嫌房子小，是幸福感吗？还有，是否这"十个标准"都具备才幸福？如果是，这世界上就没有幸福的人，这显然很荒诞；如果不是，那是几个？哪几个？"十大标准"没有回答，也无法做出回答。

"中国人幸福感的十大标准"似是而非。诚然，这"十大标准"影响中国人的幸福感，影响全人类的幸福感，但有之"不必然"，无之也不是"必不然"。因此，它不能作为衡量幸福的标尺。幸福是一种感受，金钱、权力、车子、房子，一切有形的标准，都无法衡量幸福。

什么是幸福？网络上有一个答案："幸福就是猫吃鱼，狗吃肉，奥特曼打小怪兽。"这是句俏皮话，我们无须当真。猫吃鱼狗吃肉那不是幸福，是快感；奥特曼打小怪兽，充其量是快乐。

快感源于生理，快乐源于心理，而幸福源于灵魂，是灵魂的歌声。"食色，性也"，吃饭和性欲是人的本性。吃多了难受，肥胖，三高；纵欲过度就成了西门庆，冒水、冒泡、冒冷气，最后挂了。人生理上的需求是有限的，但生理的满足是心理快乐的基础。心理快乐与满足主要依赖审美、情感，灵魂感到幸福，需要哲学，文化，艺术，乃至宗教的滋养。

同一片天空下，共享阳光雨露，什么植物开什么的花，幸福因人而异。

美国经济学家萨缪尔森提出了一个幸福公式：幸福等于效用除以欲望。欲望是分母，效用是分子。分子越大越幸福，分母越小越幸福。欲望无须解释，什么是效用？萨缪尔森打了一个比喻：比如一个馒头，对饥饿的人来说，它的效用最大；对一个已经吃饱了的人来说，它的效用就小。

现实生活中，我们发现对幸福的理解——"幸福标尺"比比皆是。我们说没有衡量幸福的标尺，是指没有统一的标尺，一人一个标尺就是没有标尺。但对个人而言，他自己制定的标尺就是——我的幸福我做主。

庄子在《逍遥游》写鲲鹏与小鸟。鲲鹏飞往南面的天池，翅膀像垂天之云，扇动翅膀三千里海面波涛汹涌，扶摇而上九万里高，飞六个月才落下。小鸟翱翔于蓬蒿之间，飞几丈高就到达了极限，就得落下。鲲鹏达到的高度小鸟无法企及的，试问：是否鲲鹏比小鸟更幸福？庄子在《齐物论》中说："凡物皆有其性，苟能足其性者，幸福当下即是，无需外求。"——事物都有其本性，如果本性得到满足就是幸福，无需到别处去寻找。能力不一样，需要的空间就不一样，只要有足够施展能力的空间，做到了所能做到的事，就是幸福。倘若以此作为衡量幸福的标尺，可以说，鲲鹏幸福，小鸟也幸福，各有各的幸福。鲲鹏无需蔑视小鸟，小鸟也无需仰视鲲鹏。但是，如果小鸟不知天高地厚，不考虑自身的能力，也想飞九万里高，飞到南边的天池，那是自寻烦恼、找死。市场经济给人们提供了施展才华的无限空间，有多坚硬的翅膀就有多高的蓝天。海阔凭鱼跃，天高任鸟飞。但假如我们只是一只"小小鸟"，就在蓬蒿之间翱翔，寻找属于自己的那份快乐和幸福，至于鲲鹏爱咋飞咋飞，与我们无关。

倘若我们把"其性"视为能力，专注于发挥能力，幸福容易得到。倘若"其性"沦为欲望，欲壑难填，则永无幸福可言。

人性贪得无厌，自然也有其积极的一面，它可成为追求的不竭动力，然则这样的追求离幸福越来越远。

希腊圣城德尔斐神殿上有一句箴言："认识你自己！"世人自作聪明的十之八九，有自知之明的寥寥无几。

歌星、影星，是当下最受追捧的职业。明星生活在鲜花美酒之中，走红地毯，粉丝前呼后拥，出场费动辄十万百万，明星对充满梦想的男生女生来说无疑是巨大诱惑。于是，在北京，北影、中影、电视台，"漂着"无数来自全国各地的红男绿女。"漂"，是对这一群体生态生动形象的描述。因为是在北京"漂"，所以叫"北漂"；浙江省东阳市有个横店影视城，同样"漂着"一群来自四面八方的追梦人，他们叫"横漂"。我们不否认，"北漂""横漂"中确有具备表演天赋和才华的人，有朝一日会梦想成真，但绝大多数人的明星梦是黄粱一梦。

在追求成功的竞技场上，到处都是千军万马过独木桥的情景。设立目标时，只想得到什么，对自身的实力、背景等因素缺乏正确评估，"跟着感觉走"，千军万马中立马横枪，希望杀出一条血路，摘取明星的桂冠，精神固然可嘉，选择的却是一条不归路。在娱乐圈，在职场，在官场，在形形色色场里的人，与"北漂""横漂"的生态有什么两样？千千万万的"小小鸟"，都想飞九万里高，都想飞到南方的天池，于是乎"哀鸟遍野"，触目惊心。

四、大卫的眼睛

什么是"幸福指数"？我不懂。

20世纪50年代，英国人每天平均笑18分钟，到了90年代，每天笑的时间下降到6分钟。美国也不例外，1957年芝加哥大学的调查显示，

35% 的人感到生活幸福，但 2003 年的一份调查显示，只有 30% 的人感到生活幸福。而在这段时间内，扣除通货膨胀物价上涨因素，美国人的收入上涨了 4 倍……调查结果发现，人类的幸福指数就总体而言呈下降趋势。

读罢这组统计数据，我明白了：幸福指数就是特定群体中认为幸福的人所占的比例。它不是衡量"个人"幸福与否的标尺。

人类的幸福指数，为什么越来越低？

尼采惊呼：人类谋杀了上帝。信仰的大厦崩溃，精神的家园荒芜，取而代之的是对金钱的疯狂的追逐。近一百年来，中国人是以西方作为参照系和追赶对象的，在我们缩小与西方科技与物质文明之间差距的时候，也面临西方人面对的尴尬：幸福指数提高一段时间之后转而呈下降趋势。我们无需进行大范围的"民调"，每个人都能直观地感受到：现在的人们普遍感到压力很大，累。没钱的人，每天"朝九晚五"，忙忙碌碌像热锅上的蚂蚁，就像一堆白菜中的一棵白菜，就像一堆土豆中的一粒土豆那样不起眼，湮没在芸芸众生之中，心理浮躁而又无可奈何，累！有钱人呢？竞争激烈，金融危机，经济环境有许多不确定性。投资相当于冒险；炒股相当于玩命；通货膨胀，货币贬值，先贬成日元，再贬成卢布——把钱存起来相当于坐以待毙。生存和发展是企业面临的永恒课题……为了捍卫成功者的地位，为了鲜花和掌声，谁敢掉以轻心？哪一个不是呕心沥血鞠躬尽瘁？

"扭转乾坤"需要国家和人民的共同努力。倡导新的价值取向，制定实现公平正义促进社会和谐的大政方针，采取行之有效的措施迫在眉睫，也是国之大计。现在，我们欣喜地、清晰地看到了这样的气象。我们希望、祈祷这个气象，能像新苗一样茁壮成长，开花结果。国之大计"肉食者谋之"，作为一名学者，只能在文化层面上做文章，这是"本分"。

怎么才能不累，怎么才能提高幸福指数？——现在回到"本分"上来。

对这个问题的探索很有意思，也很有意义。

存在主义对人类独具的特色，有一个相当生动的描述："存在先于本质"。"存在"是选择成为什么样的人，并为之努力的过程。"本质"是选择后努力的结果。譬如某人想成为导演，考大学选择电影学院导演系，通过一番努力最后成了导演。导演就是他的"本质"，是他当初选择的结果。

"存在先于本质"表现出人的自由，以及自我塑造、自我实现的特色。但也造成了"意识的空无化"。什么是"意识的空无化"？萨特举例说明：

假如某天你到一个咖啡馆找彼得，因为要找的是彼得，你的意识中彼得的形象显现出来，你用彼得的形象去对照咖啡馆里的顾客，只要这个人不是彼得，就会被你的意识"化为虚无"（忽视，就像不存在一样）。这是意识的"第一度空无化"。如果你在咖啡馆没找到彼得，这时你意识中彼得的形象也不见了，这是"第二度空无化。"

意识的第一度空无化是必要的，因为如果没有第一度空无化，你就无法找到想找到的人；当你想找到的人不在，产生第二度空无化时，你会感到落寞，空虚，就好像一切都落空了。意识的空无化描绘出人在做任何事情，尤其是确立、追求目标的过程中，所产生的微妙感受。这是人的一种心理机制。

为了深刻理解意识空无化，我要介绍一个网络游戏。我在网上看到潘向黎介绍的一个游戏，游戏名为"大卫的眼睛"。

一个朋友给我发来一份电子邮件。打开附件，黑色的背景上浮现出大卫·科波菲尔的脸，神秘的眼睛，诡异的笑容。旁边的字幕徐徐变幻，伴随着字幕响起大卫那仿佛是催眠的声音："我将引领你进入魔法世界，你将成为魔法世界的见证人，你将看到，我可以通过电脑深入你的思想。"

这时，画面上浮现现六张扑克牌，不同花色的 J 到 K，每张都不一样。大卫的声音再次响起："现在，你在心里默选这六张牌中的一张牌（我选了红桃 Q）。看着我的眼睛，默想那张牌（我默想着红桃 Q）。我不认识你，也看不见你，但现在我已经知道你的思想，知道你默想的那张牌。请敲击回车键。"我轻击回车键，画面刷地一变：六张扑克牌变成了五张，少了一张。大卫说："看！我取走了你想的那张牌。"我定睛一看：红桃 Q 不见了！

——怎么可能？！难道真有魔法？百思不得其解，发邮件问那个朋友。朋友的回答再次让我惊诧：如此简单我怎么就没想到！原来，第二次出现的牌，完全是另外的一组，看上去和第一组很相似，也是不同花色的 J 到 K，但第二组的五张牌，不是第一组六张牌中的五张，就是说第二组五张牌在第一组中都没出现过。因此，我在心中无论默想的是哪一张牌，结果都一样，都"不见了"。

为什么会这样？因为我们心中只死死地默想一张牌。当人的注意力过度专注某一张牌，就会对其他的牌视而不见。存在主义把这种现象称为"意识的空无化"。用佛家的话说：执著就是迷！

这个游戏让我惊讶、惊叹不在于游戏本身的有趣，而在于它对"人心"的洞察和把握。一叶障目，不见泰山。芸芸众生不就是这样吗？选定人生的某一张牌，作为唯一的一张牌，死死地盯着，认为有了它人生就充满光明和希望，幸福就有保障，一旦发现它"不见了"，就感到茫然不知所措，甚至信念坍塌，意志崩溃，感觉人生失去了意义。事实上，人生不是只有一张牌，人生有许许多多张牌：爱情、亲情、友情、文学艺术，自然山水……给我们带来幸福的元素无穷无尽。当然，认为最有价值的一张牌"不见了"，感到失意、痛苦可以理解，但是人生不如意者十之八九，"不见了"是正常现象。又何况，有失必有得，塞翁失马，焉知非福？

现代人对金钱权力过于执著，忽视了其他幸福元素的存在，就会感到不幸福。要增强幸福感，必须避免过度关注人生这副牌中的某一张牌，而要大视野、全景观照人生，重塑人生观。

五、有钱就幸福吗？

金钱与幸福是怎样的一种关系？在温饱问题没有解决之前，金钱与幸福就整体而言呈正相关性。但财富和幸福之间并不完全是水涨船高的对应关系。比较、计较是人的天性。一个人的满足感并不取决于实际的收入，而是取决于和他人比较的相对收入，后者才决定一个人幸福感的重要因素。现代经济学称之为"收入的外部效应"。大家收入都不高，但都差不多，收入的外部效应不明显；绝对收入都增加了，但是贫富分化增大，收入的外部效应就会表示得越来越明显。在我国，因贫富分化巨大，人民的幸福指数没有随着收入的增加提高，反而下降了，是收入的外部效应的表现。贫富分化导致仇富，已经衍生了许多社会问题。"不患贫，而患不均"，我们老祖宗早就发现了"收入的外部效应"。要提升人民的幸福感，建设和谐社会，执政党在深化改革过程中，必须考虑收入的外部效应，完善分配制度，促进社会公平，致力于缩小贫富差距；作为个人，须重塑价值观。——重塑什么样的价值观？这是我下一章要展开的另一个话题。

六、春丽现象

文化不是鸡蛋和牛奶，时间越短越新鲜。我使用案例，不论古今中外，追求经典，缺乏经典就创作，希望创作出经典。——这话一般人不好意思说。

我为什么选择"春丽现象"来表达观点？唯一的原因就是碰上了，感觉合适。就像跟老婆结婚，碰上了，感觉合适就结了。其实，并不是非她不可，问题是碰上了，又感觉到合适。

在央视频道，看到一段春丽奔跑的视频，怦然心动，继而对春丽进行搜索，写出下面的文字：

春丽，是一匹棕色母马的名字，1996年2月27日，出生在日本北海道三石。父亲尼伯迪亚是一匹纯种北海道赛马，见过大世面；母亲希洛因，巾帼英雄。春丽出生后不久，就被送到高知县赛马场，接受严格而系统的训练，驯马师宗石大。

1998年11月17日，在高知县竞马场，春丽参加了第一场比赛——处女赛。那一天，共有八匹马参赛，春丽旗开得败，跑了个第八名。从此一败而不可收拾：倒数第一，倒数第二，屡战屡败，屡败屡战，"败名度"越来越高。

2003年12月19日，春丽第100次站到起跑线上。日本NHK电视台为此派出一个摄制组。那一天，春丽发挥正常，在十五匹赛马中跑了个倒数第二。当晚，NHK向全国播发一条新闻："春丽，在高知县赛马场完成第一百场完败"，配上十分钟的专题片《连败巨星——春丽》。一夜间，春丽成了日本家喻户晓的明星。

在日本的赛马界，有一条不成文的硬性规定：退役前没有获得过胜利的赛马，退役后，直接送屠宰场。春丽的故事在NHK播出后，赢得了无数日本人的同情。人们通过写信、打电话、发E-mail、开设网站等各种途径，要求高知县赛马场免春丽一死。千叶县10岁小女孩小山爱子，在给高知赛马场的一封信中写道："如果要杀春丽，先把那些骑师送去屠宰场。"迫于公众压力，2004年1月1日，高知赛马场宣布：不管春丽退役前是否能夺得冠军，退役后都将把她送到北海道老家颐养天年，并承担一切养老费用。春丽的粉丝们为了使春丽的晚年更加幸福，在网上开设"春丽养老基金会"，很快为春丽筹措到一大笔养老金。

春丽的粉丝们一直希望，春丽能在退役前赢一场比赛，给她的职业生涯划上一个完美的句号。为了却春丽粉丝这个心愿，高知县赛马场从其他赛马场聘请了优秀骑师古川文作春丽的骑手。2004 年 2 月 29 日，古川文骑师在赛前举行一个盛大的新闻发布会，向春丽的粉丝们保证，一定让春丽跑出一个好的名次。赛后，古川文又举行一个更加盛大的新闻发布会，向春丽的粉丝鞠躬谢罪：春丽跑了个倒数第一名。

也就是在这一天，由森川时久导演的纪实类电影《春丽》开拍。

此后不久，高知赛马场宣布：2004 年 3 月 22 日，春丽要进行一场告别赛——第一百〇六次比赛。足球运动员的告别赛称"挂靴"，我把春丽的这场告别赛称为"挂蹄"。为了让春丽在挂蹄赛中夺冠，让春丽粉丝没有遗憾，高知赛马场请来了全日本最有人气、骑术高超的骑师武丰做春丽的骑手。NHK 电视台率先向全国披露了这一消息。有电视节目分析，春丽出身不错，只是运气不好，如果运气足够好，她也能跑第一名，比如比赛时，其他赛马统统马失前蹄。日本国民争相购买春丽的马券，其实大家心知肚明，春丽铁定跑不了第一名，买春丽的马券等于烧钱，就像国人清明节扫墓烧纸钱一样，为了表达一种心意。春丽全国各地的粉丝，都要到现场为春丽的挂蹄赛加油助威。旅行社为此开辟了一条"春丽加油之旅"旅游线路，源源不断地把加油队送到高知县。大批新闻记者赶到高知县，报道"春丽的最后脚步"。日本首相小泉纯一郎非常关心春丽的挂蹄赛，他为春丽祈祷："上帝啊，你就让这匹该死的母马赢一次吧！"

挂蹄赛如期举行，高知赛马场把电影《春丽之歌》的主题歌作为背景音乐，循环播放。赛马场观众席上，成千上万人跟着学唱，渐渐形成万人齐唱《春丽之歌》的盛况，气氛英勇悲壮。一声枪响，挂蹄赛比赛开始了！全场起立，人们高喊"春丽！加油！"有人打着响亮的口哨，赛马场沸腾了。这一次，春丽不负众望跑得像箭一样快……无奈，其他的赛马跑得比箭还快。一共 11 匹赛马，春丽跑了个第 10 名。

小泉纯一郎得知这一消息后，一声叹息，首相都不想干了。不过绝大多数日本人并不介意春丽比赛的结果，大家一致认为：即使春丽没赢过一场比赛，但这并不能改变春丽是日本有史以来一匹"最难能可贵的马"这样一个事实。一位 71 岁的老太太仿佛找到了知音，兴奋不已，逢人便说："我就是春丽！我这一辈子做任何事情，从来没做成过一次！"

从此，无数的日本人自比春丽，公司经营不善，找工作失败，失恋……只要遇到不顺心的事，都觉得自己像春丽。姑且称之为"春丽现象"。社会现象是社会心理的综合反映，春丽现象反应出日本什么样的社会心理？仁者见仁，智者见智。日本专栏作家重松认为：春丽现象从一个侧面反应出，现在的日本人越来越缺乏不屈不挠的精神。我从中看到了什么？

春丽，在世俗的眼里是失败者。自比春丽，就是把自己定位成失败者。春丽现象表明日本人普遍认为自己是失败者。

富裕的日本人为什么会认为自己是失败者？有学者认为：日本自经济泡沫破灭之后长期不景气，令日本人产生挫折感、失败感。如果是这样，中国自改革开放经济腾飞三十年，幸福指数上升一个时期后，为何又呈下降趋势？近半个世纪以来美国人的收入上涨四点五倍，幸福指数为何呈下降态势？我们认为，日本人把自己定位成失败者的深层原因是文化问题。不只是日本，美国，中国，全世界的文化——人类的文明出现了问题。

成功和失败的概念是人对于生存状态的界定，人们心中笼罩的失败感是对"失败"的认知和感受，因此可以说失败感是"创造"出来的。如果人们心中没有成功与失败的概念，就没有失败感。

春丽不懂什么成功和失败，但是她懂得规则，她在规定的立体空间充满激情地奔跑着，淋漓尽致地体验着，享受着她的赛马生涯。春丽的意识是一个独立的世界，春丽的世界里没有成败。春丽的"马生"是充实的。

人比春丽更懂规则，可以在遵守规则的前提下自由选择道路，人的体验比马更精致，人的享受比马更丰富，人的思想有主观能动性，可以"赋予""选择"人生的充实和幸福。

七、拿什么衡量成败？

"春丽"不懂什么是成功和失败，人无法像马那样浑然无知地生活。人类已经创造出了成功和失败的概念，并习惯用成败来衡量人生。我们不得不面对并接受这样的现实。

余秋雨在北大讲学，把追求"成功"称作"文化伪坐标"。这个"伪坐标"让人从小就踏上争取"成功"的险恶旅途。孩子刚刚懂事，父母老师就开始灌输目标意识。想当大老板、明星、市长的人在学生中是多数。可是大老板、明星、市长毕竟是极少数，这样的成功比买彩票中大奖的概率还低，竞争激烈的程度可想而知。况且，成功不等于幸福。过于强调成功，过度追求，认为成功才幸福，反而降低了人的幸福感。

人人追求成功，拿什么衡量？当前，衡量成败"通用的"标尺就是金钱和地位。如果用金钱和地位来衡量成败，凡高是失败者，因为他终身贫穷困扰；曹雪芹是个失败者，因为他直到临终还是默默无闻；古今中外的思想家、艺术家，大都是失败者，"两弹一星"的科学家是失败者，烈士是失败者，雷锋、焦裕禄……都是失败者。这何等荒谬？但这种显而易见的荒谬已到了人人熟视无睹并习以为常的地步。

把金钱和地位当作衡量成败的标尺是短视的。这个观念可以用《红楼梦》第一回中的《好了歌》来说明。

世人都晓神仙好，唯有功名忘不了！

古今将相在何方？荒冢一堆草没了。

世人都晓神仙好，只有金银忘不了！

终朝只恨聚无多，及到多时眼闭了。

世人都晓神仙好，只有娇妻忘不了！

君生日日说恩情，君死又随人去了。

世人都晓神仙好，只有儿孙忘不了！

痴心父母古来多，孝顺儿孙谁见了！

无论功名、金钱、美女、儿女，一切有形的，一"好"就"了"。祖宗给我们留下的历史遗产，不是古墓中的金银玉器，而是诸子百家的思想，是文化艺术。无形的文化价值胜于有形的金银美玉权力地位。

"用金钱衡量科学家的价值，是对科学家的污辱！"这是"水稻之父"袁隆平在得到千万元奖金后，看到一名小报记者发表文章称他是千万富翁后，说出的一句话。我完全理解袁隆平的愤怒。袁隆平把水稻亩产提高几百斤，对人类的价值与意义不是金钱可以衡量的。爱因斯坦说："人生的价值在于奉献。"比较而言，"奉献"比"拥有"更有资格戴上成功者的桂冠；对社会奉献的多少，更有资格充当衡量成功的标尺。有人认为财富是对奉献的回报，财富越多，说明对社会的奉献越多，并不尽然。历史上有秦桧，现在有……太多了，无法、也无需列举。

假设我们由于境界和知识的局限，不了解金钱权力之外其他的衡量标准，非要用金钱或权力来衡量成败的话，首先要搞明白有多少钱才叫成功，以及官做到多大才是成功，然后再把自己的现状与之加以对照，便一清二楚。不幸而又有幸的是，世界上没有一个大家公认的标准。

说"不幸"，是因为没有标准，就不知道自己在"坐标"上所处的位置，百万富翁（富婆）以上有千万富翁（富婆），千万以上有亿万……局长上面有市长，再往上有省长，再往上有总理、总统。莫非只有"首富"或总统才称得上是成功者，其余的都不是？显然说不通。就财富而论，每个人就处在几乎没有两极的"财富排行榜"中，总是向上比较、计较，就会发现自己始终处于靠后的位置，就会把自己看成是失败者，就会萌生失败感。这是没有标准（或标准太高）衍生的结果，所以说没有标准是"不幸"的。

之所以说又是"有幸"的，是因为没有标准，我们可以降低门槛，设立一个能够把绝大多数人都划入成功者范围内的标尺。假如，我们把解决了衣食住行问题的人视为成功者，你想成功者有多少？大家都认为自己是成功者，以成功者的心态生活，那是多么地自信，多么地理直气壮！因此可以说，没有衡量成败的标准，又是"有幸"的。

基本的衣食住行问题解决了的人就是成功者，没有解决衣食住行问题的人就是失败者吗？成功和失败是对结果的描述，一个人只要一天不停止追求，谁也无法给他盖棺论定，这样的人应该叫"追求者"。只有那些既没有解决衣食住行问题，又不追求的人才是失败者。

——当然，这里所谓的"成功"，只是"自然人生"的成功，更高层次的"文化人生""济世人生"的成功容后再论。

此外，我们还要以发展的眼光看成败。

龙应台有篇散文叫《沙漠玫瑰》，为节约篇幅，剪辑如下：

朋友从以色列回来，送给我一朵沙漠玫瑰。沙漠里没有玫瑰，但是这个植物的名字叫沙漠玫瑰。我把它拿在手里，沙漠玫瑰看上去像一蓬干草。朋友叫我看说明书。说明书介绍，沙漠玫瑰是一种地衣，把它泡在水里，第八天它会复活。把水拿掉的话，它又会渐渐地干枯。把它藏个一年两年后再泡在水里，它又会复活。我就把沙漠玫瑰放进玻璃缸，注满清水搁在院子里。从第一天开始，我和两个宝贝儿子，每天都去看沙漠玫瑰。第一天，没有动静。第二天发现，它有一点绿意。第三天，绿的感觉更浓了。第四天，那个核心的绿意往外扩展一轮。第八天，我们去看沙漠玫瑰，刚好我们的一个邻居也在，他跟我们一起到院子里去看。这一天展现在我们面前的是尽情开放的、浓绿的、丰润饱满的、复活的沙漠玫瑰！它的美惊天动地。我们一家人大喊大叫，因为我们太快乐了。邻居很奇怪地问：你们干吗呀？！不就是一把草嘛？我楞住了。是呀，在邻居的眼里，它不是玫瑰，是低等植物地衣。是什么原因导致我们在价值判断上的南辕北辙？邻居看到的形象定格在那一刻，是静止、孤立的。我们看到的是现象背后的线索，辗转曲折的过程，我们知道它的起点在哪里。看待任何现象、任何事物，都应以"历史的"、发展的眼光。如果不认识它的过去，无法判断它现在的价值和意义，不理解它的现在，又如何判断它的未来？

国际大都市上海，房价之高令人咋舌。到上海打拼的"外地人"，大都住在外环线附近——因为房租相对便宜。他们通过自身的努力，哪怕在远离市中心的地带买一幢七八十个平方的房子，并且只交了首付，继而做半生房奴，他们的自我感觉，他们在父母的心目中，在父老乡亲们的心目中，是成功者。谁能说他们不是成功者？

"土著"上海人，在上海有两套、三套房子的不足为奇。80后90后的上海人，大都有属于自己房子。双方都是上海籍的男女结婚，"二合一"之后房子更多。他们父母百年之后，房子还要多。现在上海的80后90后，都可以称为成功者吗？"阿拉上海人"也不这么认为。

以静态的眼光看成败，成功者寥若晨星；以发展的眼光看成败，才是"应有的"态度。从山谷到平地是成功，从平地到山峰是成功。从山峰到平地是回归，从平地到山谷是探险。"山重水复疑无路，柳暗花明又一村"。

古之仁人志士，皆重立言立功立德之"三不朽"。立言，指的是成为文学家、艺术家、哲学家，有成就流传后世；立功指的是事业成功，成为官员、成为企业家、军事家等；立德者，古之圣贤，如：颜回、闵子骞等二十四孝；今雷锋、焦裕禄、"感动中国"的道德模范。现实社会，人们往往只注重"立功"——事业方面的成功，而忽视文学艺术及道德方面的成功；衡量成败常常以事业成败的标尺来衡量文学艺术和道德。正如无法用尺度来衡量轻重，无法用天平丈量长短一样，用衡量事业成败的标尺来衡量文学艺术和道德是"大众谬误"（大多数认为正确而实际是错的现象）。

秦末楚汉相争，并归于汉。汉高祖刘邦是成功者，楚霸王项羽是失败者。但作为英雄豪杰，项羽一点不比刘邦逊色。"失败的"人生也可以很精彩，历史不以成败论英雄。

八、不幸之幸

每个人都可以自由"选择"——认为自己的人生是充实和幸福的。反过来说：没有不幸的人。我摘录我的中篇小说《鸟的天空》（发表于《钟山》2012 年第 6 期）中的一个片断，来形象表达这一观点。

颜子义是人寿保险推销员，他多次到企业家于得贵家推销保险。于得贵不胜其烦。于得贵的外甥小虎得知后，自作主张，替舅舅"分忧解难"。小虎在一天早上，把颜子义拦在前往于得贵家的路上，进行威胁，失手把颜子义打成骨折。警方很快破案，医疗费住院费皆由于得贵支付。颜子义出院之际，他的病友——一个也被人打成骨折的年过八十的老哥，对颜子义的羡慕之情溢于言表："你运气真好！你住院费医疗费有人报销，我胳膊是谁打断的还不知道。"

颜子义问："没去派出所报案？"

老哥说："没法报案！"

颜子义试探着问："莫非是黑吃黑？"

"那天我走路，觉得左脚的鞋子里有沙子磨脚，就到路边扶着电线杆，脱下鞋子，把鞋里的沙子往外抖，"老哥一边说右手一边抖着比划，"有个二十来岁的小伙子骑自行车经过，以为我触电了，抡起钓鱼杆往我胳膊上只一下，咔！……疼得我在地上滚，等我坐起来，他骑上自行车要走，我说你把姓名给我留下！他说不用了，不是什么惊天动地的事，谁见了都会这么做。他把自己当成无名英雄了。"

颜子义释然，毕竟不幸之幸也是幸运。

老哥感叹："天下没人比我更倒霉了！"

一位身穿白大褂四十岁左右的医师——他是颜子义和老哥的主治医师，听到了他俩的对话，问老哥："你这是第几次骨折？"

老哥回答："第一次。"

医师说："在英国达拉谟郡斯坦利市，有位名叫米克·乌伊拉里的农场工人，现年59岁，在过去的几十年里，他接二连三地遭遇至少30次意外事故，其有18次骨折，有骨头的地方都骨折过。"

老哥释然："看来我也算是幸运的，那个姓'乌'的才是天下最倒霉的人。"

医师说："不是！如果乌伊拉里第一次出事故就死了，那才是最倒霉的。出了30多次事故都没死，他应该算是幸运的。"

老哥连连点头："有道理！要是那家伙一杆子失手把我打死，那才是最倒霉的！"

医师说："一杆打死，死得痛快，没有痛苦；如果打得你生不如死，跟受酷刑一样慢慢死去，那才不幸。"

老哥说："没有比这更不幸的！"

医师说："假如生不如死，而又长生不老，那才是最不幸的人。比较而言，没有最不幸的人。"

颜子义、老哥不自觉地点头，幸福指数直线上升。

骨科医生看到"支离破碎"的悲惨情景多了，形成的"比较而言没有最不幸的人"这一人生观，乍听起来似乎不可思议，仔细琢磨，何等深刻！

九、平安即是福

那年我才上小学三年级，学校组织到外地春游，到了傍晚出去的五辆旅游车只回来四辆，还有一辆迟迟未归。在学校等待的家长早已焦虑不安，个个愁眉苦脸怨声载道默默祈祷着。

这时传来一个消息，有人看到一辆旅游车翻到河里去了。听到这个消息，顿时哭声一片。

妈妈痛哭流涕：今天孩子走的时候连早饭都没，都怪我没有早点起来；爸爸哽咽着自责：前几天他把新衣服弄破了，打了他，都怪我！他还是个孩子啊！

家长们都流着泪自责、忏悔，每个人心中都充满着痛苦和内疚。

突然，旅游车缓缓开进学校，旅游车上的小学生在不停地往外招手，车门一打开，家长门家长们蜂拥而上，拥挤在车门口，大声呼喊着自己孩子的名字。

孩子们下了车，看到家长们一个个哭红了眼，不知怎么回事。

妈妈看到我，一下子把我揽在怀里，爸爸紧紧抓住我的手。我疑惑地问，你们这是怎么啦？爸爸妈妈哽咽着，半天说不出话来。

司机一个劲地向大家道歉，他对路况不熟悉，走岔了道，耽搁了时间。没有人责怪司机，还纷纷安慰他。幸亏是虚惊一场，他们现在都感到幸福！

那件虚惊一场的事件后我，感觉到家人都变了，有什么大事？大家不再争吵，多了谦和和礼貌。我常常偷偷地乐，原来虚惊一场真幸福。

——平安即是福！

该故事选自《微型小说月报》2015年第二期（原创版），作者李良旭。

十、品味成功

人人都在追求成功，以为成功就幸福了，我也曾一度这样认为。成功后是什么样子？我开始有些朦胧，直到一次看电视，成功的情景才在我的心中清晰生动起来。电视剧中有一个画面：

一辆高档轿车在一栋复合式别墅前戛然而止。别墅前是青青的草坪，绿树环绕。西装革履风度翩翩的男主人打开车门。男主人打开别墅的门，客厅富丽堂皇，在美妙舒缓的音乐中，一位身着粉红色半透明睡衣的美女自二楼飘然而下，风情万种，美女像一朵祥云飘进进盥洗室。盥洗室内热气腾腾蒸腾仙境般地飘渺。接着镜头一转，冰肌玉骨的美女已泡在洁白的大浴缸里。——由于镜头转换得太快，过程与细节没看清楚。美女露出两个肩膀，其余的部分都泡在水里。水应该是清澈的，但是由于水面上飘着一层白色的厚厚的泡沫，水下的部分，怎么看也看不清楚。突然，美女的脚从泡沫里露出来，那是一双美得让人心惊肉跳的脚！紧接着小腿露出来，紧接着……她又放下了。

这情景太美了！我想，这就是成功。我也要有这样的别墅，这样泡在浴缸中的美女。多年过去了，换房子的时候，非复合式的别墅找不到感觉了。一切的装修是印象中情景的再现。第一次使用时的情景如今历历在目。我从不为老婆买衣服，这次破例，给老婆买了一件衣服：粉红色的半透明的睡衣。我也把盥洗室搞得热气腾腾仙境般的飘渺，为了搞出厚厚的一层泡沫，浴液倒了半瓶，然后把老婆泡进去，让老婆露两个肩膀……我站在浴缸边用心地捕捉、体会此时此刻的感受：一个最最强烈的感受就是闷得慌——因为热气太多了。而且心跳没有加速……怎么回事？想起来了：老婆的脚没从泡沫中伸出来。我对老婆说：把脚从泡沫中伸出来。老婆把脚从泡沫中伸出。我摸摸胸口，心跳还没有加速。怎么回事？想起来了：老婆的腿没从泡沫中伸出来。我说：把小腿抬起来。老婆又把小腿抬起来。我的心跳依旧没有加速，于是说：继续往上抬！老婆说：今天看你像流氓！这句话彻底败坏了我的胃口……从盥洗室逃出来，坐在沙发上做深呼吸：追求来追求去，没想到原来成功就是闷得慌。

朋友俞先生是位大企业家，他说除了没过把官瘾，其他的都享受过了，最后感觉都没啥意思，到老才明白，人活着重要的不是为自己，而是为儿女：儿女出息了——成功了，后继有人，就放心了，幸福了。这种看法就像歌曲《牵手》中的一段歌词：

因为爱着你的爱，

因为梦着你的梦，

所以悲伤着你的悲伤，

幸福着你的幸福……

这段歌词，完全可以用来表达父母对儿女的情感。但在儿女的成功、幸福与和自己的幸福之间划等号，纵不是娇情，也与实情不符。

俞先生为了把儿子送到一辈子都可能找不回来的地球的那一边不惜血本，为了使自己成为孤寡老人千方百计。儿子没有辜负老爸的殷切期望，考上了美国一所著名的大学。前往浦东机场送行的途中，俞先生夫妇表情凝重，当儿子走向登机口，老两口泪水纵横，就像飞机马上要失事一样。俞先生居住的复合式别墅，客厅很大，但是再大有什么用？多年来别说客人，连个鬼影都没出现过。为了跟儿子通话，俞先生开通了越洋电话，每到节日，老两口深更半夜地守在电话机旁，紧紧地盯着电话，就像乌龟瞅着王八蛋一样。房间很多，再多又如何？两个老秃鹰就住在一个房间里。房间很大，装饰豪华，再大再好又怎样？——俞先生失眠，灯一灭，他就在床上翻来覆去地折腾，比年轻的时候还好动。第二天早上起床两个黑眼圈，像大熊猫一样。有钱了，想吃什么吃什么，吃多了不消化，消化了肥胖。三高：血压高、血脂高、血糖高，颈椎痛，腰间盘突出，风湿性关节炎，牙痛。他老婆牙不疼——因为全掉光了。

幸福快乐不在享受成功，而在于展望愿景——目标实现时的情景。

你喜欢星期五下午，还是星期日晚上？无论是身在职场，还是身在官场，回答众口一词：星期五下午。生活节奏快，竞争激励，连续工作五天，星期五下午应该感觉最累才是，但事实并非如此。星期五下午，办公室，斜躺在椅子上跷着二郎腿，啜饮着劣质的红茶或绿茶，一脸小傲慢，大脑开始"冒泡"。想到晚上的聚会，想到周六周日两天不用上班，不用面对工作压力和复杂的人际关系，不用看领导脸色，轻松得就像躺在懒洋洋的春光里，舒适的感觉从骨头里向往漫延，就像放射性元素。星期天晚上，按说休息了两天，应该精力充沛，精神抖擞，其实不然。睡得不敢太晚，明天要上班，有一大堆的事要做……越想越烦！

神经病学家研究发现：预期快乐和现实的快乐在大脑的不同部位生成，人脑的生理特点是预期快乐总是比现实的乐趣更鲜明强烈；持久的快乐来自对未来的良好的预期。此言不虚！

丰子恺先生有篇散文，题为《实行的悲哀》，其中有这样一段文字：

> 大家认为风景只宜远看，不宜身入其中。现在回想，世事都同风景一样。世事之乐不在于实行而在于希望，犹似风景之美不在其中而在其外。身入其中，不但美即消失，还要生受苍蝇、毛虫、罗唣，与肉麻的不快。世间苦的根本就在于此。

恋爱和结婚如同看风景。真心恋爱的想结婚，以为结婚的快乐胜于恋爱，结了婚之后感觉如何？——结了婚之后的人心里清楚！无怪乎人们感叹：婚姻是爱情的坟墓。"实行的悲哀"是对成功、"享受"不过如此而已的失落和感叹。

第二章　万象由心生

人的"相"（形象）与生俱来，来自遗传；四十岁后，"相由心生"——形象是自己"创造的"。人到中年，世界观、道德取向、心智趋于"固化"，这些固化的潜在的思想意识，会不自觉地从脸上流露出来，久而久之形成固定的表情——一种"相"，是谓"相由心生"。

把"相"延伸到"万象"，谓"万象由心生"——人间万象皆由心造，细细忖度，亦很精当。"万象"范畴很大，这里我们只涉及"人生百态"这一组象。

一、人生"四象"

人生百态，可抽象、概括为四种生活模式——亦即"四象"。有什么样的心态，就有什么样的行为，"象"是心态与行为有机统一。以"象"给人生分类，目的在于在发掘、发现理想的"象"，推而广之，为建立和谐人生提供标杆，继而提升人类的幸福指数。

　　人各有各的活法，生活品质千差万别，但就人的生活模式而言，主要四种类型——四象：不知足，不追求；知足，不追求；追求，不知足；既知足，又追求。当然，在现实生活中，人的生活模式不像我划分这样泾渭分明，只能说是就"总体而言"。要准确把握这四象，首先要明白"知足"和"追求"这两个概念内涵。何谓知足？《现代汉语词典》：知足满足于已经得到的，另一层含义是不作非份之想。用古人的一首打油诗表达就是：

　　　　世人都说路不齐，

　　　　别人骑马我骑驴，

　　　　回头看看推车汉，

　　　　比上不足下有余。

　　何谓追求？为实现目标，所采取的一切积极的思考与行为。有章法的追求是先制定职业生涯规划，然后为之追求。

不知足，不追求

　　"不知足，不追求"这一生态，有两种类型。

　　人是贪婪的，天生就不知足；趋乐避苦好逸恶劳是人的天性，人天生就有懒怠的倾向。缺乏文化熏陶，没有独立意志，沦为人性的奴隶。此其一。

　　不知足，想追求，但因追求也"没用"，所以不追求。这是"不知足，不追求"的第二种类型。这种类型主要存在于公务员队伍中。因能力有限，因没有"后台"，也没拉上"关系"，或快到退休的年龄，工作再努力薪水不会上调，职位不会升迁，所以不追求。看到朝夕相处的同事，平步青云，呼风唤雨，风光无限，心有不甘而又无可奈何。不知足、不追求，这种生态衍生的结果是：抱怨命运不济，社会不公；人浮于事，扯皮推诿，工作效率低下。这一生态,境界不高:没用是相对于自身的利益或地位而言的,对社会而言,他们的努力工作是有价值的。爱因斯坦说:"一个人的价值不在于他获得多少,而在于奉献多少。"

知足,而不追求

这种生态换一个形象的说法就是:"饱食终日,无所用心"。

大学毕业后的第二年,清明节祭祖。墓地,列祖列宗在向阳的山坡按辈份大小自上而下有序排列。那一年,爷爷还在,往上的先人都各就各位了。祭祖完毕正要离开,我的叔叔指着我的脚下说:"这块地是你的。"我听后像大脑供血不足似的。叔叔以为我没听明白,直截了当地说:"你死了就埋在你脚下。"我低下头,看着脚下大约一平方米的土地,蹲下身子,用手抚摸着脚下的土地,第一次感觉到土地是那样地亲切:这是我最终的归宿、永恒的家!属于我的大约一个平方米土地上,长着稀疏的小草和几朵紫色的小野花。我想把它们拔掉,因为这块土地是我的!继而一想:暂时还用不上,让它们先用用又何妨?我蹲在属于我的土地上,越想越泄气,就是说,无论我这辈子怎么折腾,最后属于我的就是这一个平方米的土地!——这跟吃大锅饭有什么不一样?

此后大约半年时间,我时常思考死的问题,既不想读书,也不想写作,工作不在状态,做什么都觉得没意思。生不带来,死不带去的,人死如灰飞烟灭。百无聊赖,抄写一副对联贴在宿舍的墙壁上:

上联:打四两,喝四两

下联:过一天,少一天

横批:人生如梦

一同事见壁上对联，哑然失笑，随后当笑话"广而告之"。院长光临寒舍——教师宿舍，以探虚实，见壁上对联，问："失恋啦？"答："没。"问："颓废了？"答："没。"院长颔首道："不想干了，写个辞职报告吧！"我认识到问题的严重性，当即揭下对联，掷于地上，向院长保证："从此以后，我一定振作精神，以饱满的热情投入教学工作，力争成为全校最受学生欢迎的老师，成为全校老师的楷模！"院长道："又过了。"

这副对联是对我当时生态的真实写照，是"知足，不追求"，换句话说是"安于现状，不思进取。"

无论在物质上还是精神上，每个人都处于相对不足的状态。所谓坐吃山空，不追求可能会失去知足的基础；追求可以改善现状，为知足打下更加坚实的基础，所以我们需要追求。

我们是赤手空拳地来到这个世界的，绝大多数人都出生于普通农民、市民家庭。从出生到幼儿园小学中学大学留学，靠父母养育。毕业后工作赚钱，存折上有了几个阿拉伯数字。你风华正茂，你出水芙蓉，帅哥多情，靓妹怀春，阴阳互动，碰撞出火花、碰撞出电闪雷鸣，一场场爱情运动拉开序幕，有人把恋爱比作炒股，无论是赔是赚最后都得认命——结婚。从此，两只蚂蚱拴在一起，两只鸳鸯命运与共。鸟类需要鸟巢，人类需要房子。买房子比建鸟巢难度大，大到不可思议（此鸟巢不是办奥运会用的北京鸟巢）。买房需要贷款，首付是第一道难关，存款折上阿拉伯数字变成零蛋还不解决问题；首付后是按揭，从此成了房奴。洞房花烛，男欢女爱，春去秋来，洁白的梨花变成了青色的小梨——一个婴儿呱呱落地。无论是男是女，都是你一生要面对的重大而现实的问题。你望子成龙，望女成凤。然而，更大的可能性是：儿子没有成龙，成了小泥鳅；女儿也没有成凤，成了小燕子……不知不觉中老了，两只蚂蚱蹦跳不动了，两只小鸳鸯变成了老秃鹰。百年之后，从某个大烟筒的底部进去，顶部出来，变成天空中袅袅的白云。——这就是绝大多数人的生活模式。

这里，我们所说的还是一个低层次的当然也是最基本的生存问题。然而人不仅是"饮食男女"，人区别于动物一个重要的标志是精神。罗马诗人伊壁鸠鲁学派的创始人卢克莱修说过："站在海岸上，看惊涛骇浪的大海里船在挣扎是快乐的，站在城堡上看城下两军厮杀是快乐的，但是所有这些都比不上攀登于人类思想的高峰，俯视人间迷茫、烟雾和曲折更加快乐。"——人类的精神世界像宇宙一样无边无际，可以有无数石破天惊的发现，有无数惊天动地的美。

从物质到精神，人们都有相对的不足，所以我们要追求，追求是人生永恒的主题。纵然你很富有，不追求你会空虚；生命在于运动，追求使人充实。

追求，不知足

每个人都有相对的不足，人生需要追求，但遗憾的是，人们往往从一端又跑到了另一端：追求而不知足——贪婪地追求。这种生态，似田单驱火牛攻燕：

"火牛阵"战国时齐国名将田单运用的兵法之一。《史记·田单传》载：田单收城中得千余头牛。为牛穿上绛色的麻织品衣服，衣服上画以五彩龙文，把尖刀牢牢地套在牛角上，用油脂浸泡的芦苇捆在牛尾巴上。士兵们把城墙挖掘出十几道口子，然后点燃捆绑在牛尾巴上的芦苇，纵牛入城，五千精兵紧随其后。尾巴着火的牛愤怒地冲向城里的燕军。燕军败走……

追求，不知足，亦即贪婪地追求，犹如尾巴上着火冲向燕军的牛，这是一种疯狂的状态。纵然"成功"，也不是幸福的人生。

托尔斯泰有一篇文章《一个人需要多少土地》：

魔鬼与农夫打赌，魔鬼说："在日落之前，你只要回到你早晨的出发点，那么你途中所经历的土地将归你所有"。农夫咬牙切齿地奔跑起来。奔跑一程之后，主人公心里松了一口气：有了这么多的土地，一家人一生一世衣食无忧了。但想到不是这块土地上最富有的人，继续奔跑，想到自己还不是这个国家，不是这个世界最富有的人，一直跑下去。结果我们能够想象到，他累死在奔跑的途中。他的墓碑上除了刻有他的名字，还有一行字：这块墓穴长六俄尺，宽三俄尺。——一个人最终就需要这么多的土地，比我那一个平方米也大不到那里去！

贪婪地追求，就像故事中奔跑的农夫。

为土地而疲于奔命与疯狂追逐金钱、权力实质上并没有不同。故事中农夫的悲哀也是现代人的悲哀。其悲哀的根源在于追求与需求脱节，从能力上说，缺乏自知之明；从心理上说，太贪婪。贪婪地追求，欲速则不达。

贪婪的追求，会导致目光短浅，行为上急功近利、不择手段，即便能获得一时成功，也会得而复失。黄炎培先生的"周期律"中"受功业欲趋使，强于发展"说的就是急于求成，是"其兴也勃焉，其亡也忽焉"——崛起得快，衰亡得也快的诱因之一。

既知足，又追求

假如你有一双翅膀，可以像鹰一样在长空自由翱翔，把翼下的尘世当作憩息的地方，你就是天使。人的心灵原本就像天使，因为束缚太多、太紧，成了蛹的模样。人可以作茧自缚，也可破茧成蝶，挣脱束缚的人生是怎样的一种"象"？

佛教徒持戒，戒杀生、戒淫欲、戒酒、戒荤腥等，对于普通人来说有悖人性，但作为一种生活方式无可厚非。每个人都有在道德范围内选择生活方式的自由和权力；僧人倘能乐在其中，则充分证明人可以"选择"幸福，"我的幸福我做主"。至于那些把普度众生作为理想，虔诚修炼，发愿"人生度尽方证菩提，地狱不空誓不成佛"的高僧，值得我们崇敬。

修炼尽除名利之心以求功德圆满进入无病无苦无烦恼的净土，是出家人的理想；红尘中人则认为追逐到了名利才是成功，欲望满足才是幸福。能尽除名利之心的人凤毛麟角，"出家"不是令世人向往的主流生活模式；现实世界，人类因执著名利衍生出无尽烦恼。世人的两难处境源于走极端。尽除心中名利是扼杀人性，贪婪地追逐名利是放纵人性。凡事走入极端就成了悖论。极端需要较正、平衡。尽除名利太过，绝对地不求名利无以生存，所以应该回头——追求名利；世人为名利而痴迷陷入"苦海"，"苦海无边，回头是岸"，佛给我们提供了"回头可""较正"的方向——要淡薄名利。具体而言，这是怎样的一种"象"？——既知足，又追求。

每个人都有相对的不足，都希望未来比现在更好，所以要追求。欲火熊熊，贪婪地追求，像热锅上的蚂蚁，即使实现了有形的目标，也不是高品位的人生，所以需要知足。一种理想的生态是：既知足、又追求。因为知足才会感受到快乐，因为追求才能保证知足的基础；追求使人充实，追求才能让未来比现在更好。有人把知足和追求对立起来，认为知足就不会追求；追求就不应该知足。这是一种误解，或缺乏深思，或缺乏洞察秋毫的感知能力。事实上，完全存在着既知足又追求这样的一种生态。就像天平，并不是要么向左倾斜，要么向右倾斜，还有一种平衡状态——两边的砝码一样重。这样的生态有多种表达，多种表达从不同的角度描述同一个"象"。

之一：现在就不错，追求会更好

能够坦然地面对现状，比上不足，比下有余。无论是物质层面还是精神层面，每个人都处于相对不足的状态，倘体力、精力许可，追求会更好，何乐而不为？

之二：尽人事，而听天命

"尽人事，而听天命"，"谋事在人，成事在天"，"君子居易以俟命（《中庸》）"，意思大同小异。为实现目标尽最大努力，但从容达观地接受一切后果，成固欣然，败亦可喜。——成功了就享受成功的喜悦，没有达到预期目标，也能坦然面对。患得患失于事无补，只会导致神经衰弱，抑郁。

孔子一生孜孜以求，欲行其道，但同时又说："道之将行也欤？命也。道之将废也欤？命也。"——尽力了，能不能成，只能听天由命。我们要做成一件事，亦即获得所谓"成功"，不是仅靠一己之力，需内外条件兼备，机缘巧合，形成的合力。而外部因素呈动态不确定性，不可控。努力追求未必达成目标，但不努力肯定达不到目标，这是努力追求的意义所在。追求了，就算没能如愿，也可以无怨无悔。

由此看来，我们做事情不必过分看重成败。过于看重成败就是"求诸外"，而外在因素呈动态不确定性，结果不可预知，就会患得患失，就无法过独立的"心生活"。倘若，我们树立了目标，只在追求目标的过程中追求幸福，将成功失败归于命运，就不会患得患失宠辱若惊，无论成败心安理得，心灵的天空万里无云。"尽人事，而听天命"，不是消极的人生态度，而是超越，洒脱。"不知命不可以为君子（《论语·尧曰》）"，知命才可以为君子，"君子坦荡荡，小人常戚戚（《论语·述而》）"。君子者，不只是道德模范，也是深谙人生真谛的智者。

之三：以出世的态度入世

以出世的态度入世，是一种心态，一种人生观。

"出世"，就是去除名利之心，不为物使，不为形役，想得开，拿得起，放得下。可是，作为世俗之人，生于天地间，不踏踏实实地工作，一味追求超凡脱俗，超然物外，何以养家糊口安身立命？因此需要"入世"。

　　"入世"，在"火热的"现实生活中打搏。现实社会争名逐利受到追捧，名利场上尔虞我诈，我们能否坚守为人处世的道德底线？一个人入世太深、太久，往往会在不知不觉中迷失自己，把名利看得太重，一叶障目，无法大视野、全景式地观照人生世态。——不仅如此，以健康为代价，以生命为工具，疯狂追逐身外之物，功成名就身残身死，其实何必？这是"迷"，迷途知返，需要"出世"。

　　以出世的态度入世，亦即既要全力以赴，又要心平气和。这种人生观，豁达、潇洒，有益于人——健康，也有益于事——避免欲速而不达。

　　美学家朱光潜认为，人有出世的精神才可以做入世的事业。现世是一个密密无缝的利害得失网，一般人难以摆脱这张"天罗地网"。在厉害得失关系方面，人人把自己放在第一位，欺诈、掠夺、腐败种种罪孽就产生了。美感的世界纯粹是意象世界，超越厉害关系而独立。在创作或欣赏艺术时，人的注意力都从厉害关系的实用世界中转移到无厉害关系的理想世界。艺术的活动是"无所为而为"的，无论是做学问还是做事业的人，都要抱有一副"无所为而为"的精神，把自己所做的工作当作一件艺术品——像创作艺术品一样工作，只求满足理想和情趣，不斤斤计较利害得失，才可以有一番真正的成就。伟大的事业都出于宏远的眼界和豁达的胸襟。

　　之四：只问耕耘，不问收获

　　曾国藩说过"只问耕耘，不问收获"。农民种庄稼，当然是为了收获，但是农民是不是天天都在想：今年会不会有旱灾？涝灾？虫灾？会不会下冰雹？如果遇到这些灾害，岂不是白费劲了吗？——农民不是这样想的吗？不是。他们清楚，可能会有自然灾害，付出未必一定有回报，但是他们更清楚，不付出一定没有回报。他们无法管控自然灾害，他们能做的就是，该耕耘的时候耕耘，该播种的时候播种，该施肥的时候施肥，该浇水的时候浇水……至于能不能有收获，那就是天意。就是树立目标之后就"忘了目标"，而专注于实现目标的过程。泰戈尔说，中国人（说的是一百年前的中国人，主要是农民）是天生的艺术家。"只问耕耘，不问收获"的人生态度，是一种人生艺术。

既知足，又追求，方能从容不迫。无论事业，还是家族，唯有从容不迫，作"长线思考"，立足长远，才能经久不衰。何谓长线思考？

作为复圣公颜子（颜回）后裔，自儿时起，经常聆听父亲、爷爷讲颜子的故事。父亲是老师，自爷爷上溯三世，皆为"耕读人家"（地主），再往上追溯，有书法家、举人，光荣到不好意思说。列祖列宗皆以儒家经典为家学，弘扬颜子之德。儒家思想，颜子之德春风化雨，像遗传基因一样成为我灵魂的一部分。每年春节，父亲都亲自写春联，大门上的春联是：

忠厚传家远
诗书继世长

春联几十年不变，父亲的良苦用心由此可见。常常在夜深人静时自我反省、自我鼓励，不敢稍有懈怠，生怕有违父亲教诲和期待。岁月明灭，浮生若梦，涉世日深，对春联的理解日趋深化。因为"忠厚传家"，所以无仇家、无横祸，所以父慈子孝、家庭和睦，家族之树枝繁叶茂；因为"诗书继世"，成为"书香门第"，所以"基业"常青。

"忠厚"是为人，"诗书"者，今谓之知识才能；以忠厚传家，以诗书继世，让颜子血脉与精神百千年生生不息。我辈视"忠厚传家，诗书继世"为祖传"成功秘籍"。

"金玉满堂，莫之能守"（《道德经》）——有形的财富皆不能长久，无形胜有形。作"长线思考"，才能使家族、基业繁荣昌盛。所谓"不谋万世者，不足以谋一时；不谋全局者，不足以谋一域。"其理相通。但是，如果把"长线思考"当作追求"成功"、或基业常青的手段，那么"长线思考"就沦为功利算计，思考者随之沦为伪君子；努力做一个善良的有文化有才能的人，尽人事而听天命，无论穷达，做人本该如此。

二、享受过程

林语堂说："西方那些深湛的哲学，我想还没摸着生活的门呢。"对东方文化的推崇，对西方"深湛哲学"的否定，首推辜鸿铭先生，林语堂先生次之。"否定"的意义就像西西弗否定众神。

西西弗的故事就像《鲁宾逊漂流记》，许多人都拿它说事，仁者见仁，智者见智。加缪的见解因其独到广为流传。

西西弗的故事取自希腊神话：柯林斯国王西西弗死后获准重返人间去办一件事，但是他留恋人间的美好，再也不愿回到黑暗的地狱，因此触怒众神。众神决定对他予以严厉惩罚：把一块巨石推上山顶，石头因自身的重量又从山顶滚落下来，西西弗必须从头再来，屡推屡落，如此反复无穷。西西弗就在这个无休止的惩罚中消耗着生命，他沉浸在悲哀之中。终于有一天，他认识到推动巨石的惩罚，是他对尘世热爱所必须付出的代价，这就是命运！这一刻，他的悲哀、他心中的沉重消失了。他从这种孤独、绝望、荒诞的生命之旅中发现了新的意义。他向山峰推动巨石……他看到，巨石滚动像舞蹈一样优美；他听到，巨石与山岩碰撞发出的声音像音乐一样美妙……他感到充实，沉醉其中，以至于感觉不到苦难。

加缪认为西西弗是快乐的。

读罢加缪演绎的西西弗的故事，想到了佛教的"唯心净土"。加缪只是以"他的方式"领悟到佛教的大境界，并且以他的话语体系予以表达。

当然，表达精彩同样不失伟大。

西西弗的故事是一种象征，是对人生旅程的形象表达。我们每个人都是西西弗。工作是摆在我们面前的巨石，上班就是向山峰推动巨石，下班等于把巨石推到了山顶，下班回家是下山，与此同时巨石又滚落到山下，等着你次日继续推动。一个目标实现了，又给自己树立一个新的目标，又开始新一轮的轮回，与西西弗向山峰推动巨石是同样的生态。对于命运而言，人注定是"失败者"，因为直到生命的终结，那块"石头"又回到原点，所有努力都是徒劳的。如果说，西西弗的行为是荒诞的，那么人生就是荒诞的。西西弗面对荒诞人生的态度，给我们树立起一个榜样，一个不自杀的理由。

西西弗把巨石推向山顶是悲哀还是幸福，不取决于这件事本身，而取决于他的感受，这种感受源于他对这件事的看法，他的看法衍生悲哀或幸福的感受。所谓"对事情的看法，比事情本身更重要"，对人生感受而言，无疑是正确的。

西西弗的幸福不在结果，就结果而言，他所有的劳动都是徒劳的。他的幸福在他推动巨石的过程中。每个人的幸福都在生命的旅程之中。人生能够拥有和享受的只有过程。

——不妨"现身说法"：

我为党政干部讲课，一天六个小时，有时会连续讲十几天，且授课地方往往不在同一个城市。于是乎白天讲课，晚上坐飞机，但我不认为——自然也感觉不到痛苦。看到大家神情专注静静倾听的时候，看到大家微微点头若有所悟的时候，看到大家会心一笑、开怀大笑的时候，尤其是当大家给我报以热烈掌声的时候，我就感到很快乐！——这种工作状态，就是享受过程。

你也是这样想的吗？绝大多数人认为：幸福与快乐是在某些目标实现

之后；先工作，后享受，工作是为了享受。这是落伍的人生观。持这种人生观的人，无幸福可言。难道人们无法都达成自己的目标吗？当然不是。每个人达成目标后，马上又会为自己重新树立一个目标，于是又进入新的一个轮回；更有目标还没有达到，就又把目标向前推移了，目标成了地平线。

三、目标是地平线

我人生的第一个大目标是读大学，上世纪八十年代初大学生被称为"天之骄子"，在我的心中上大学相当于进天堂。当初如愿以偿地迈进大学校门，就感觉到有一种失落感。首先，大学依旧在地球上，不在天堂里；大学教室也不比高中的教室好，大学老师比高中老师老，女同学比高中的女生少，全班五十人，女生只有五个，有一个身材娇好，气质优雅，学习成绩也不错，各方面都令我很满意，可她又不理睬我。

八十年代初，文坛相当活跃，当作家、诗人是许多人的志向和梦想。标榜是"文学爱好者"是一种精神时尚，仿佛谁没有这个爱好——起码是业余爱好，谁就落伍了。我也不能免俗，想当作家，成了我的新的目标。我一边学哲学（这是我所学的专业），一边学文学，读书、创作，写诗、写小说。渐渐有了点起色，发表作品了，多年后成了市一级作家协会的作家。拿到作家证的第一天很高兴，请几个哥们喝一顿庆祝庆祝。把自己喝翻了，别人喝没喝翻，记不清了。第二天醒酒之后，西装革履到大街上转一圈。我发现没有人留意我，大家都不知道我成了作家。虚荣心没得到满足，而且头疼脑热，因为酒喝得太多。继而往深处一想，大家不知道我是作家也好，因为这时候作家几乎成为贫穷的代名词了。下一步该追求什么？

生活时尚已悄然发生变化，"万元户"成了中国使用频率最高的字眼。

于是我又把目标锁定在万元户上。怎么才能成为万元户？工资留作日常开销，写作稿酬为积蓄，每月力争赚四、五十元稿费，一年积攒五百元，十年五千元，二十年就成万元户了。努力追求眼看成万元户的时候，万元户已多如牛毛了。于是把目标调整为当十万元户。当成为十万元户时，百万富翁已比比皆是。于是我把目标调整成百万。当有百万的时候，一天看报纸，得知有一条三岁的狗价值一百二十万。它凭什么比我还多二十万？既不读大学，又不写小说，而且才三岁！既而又想，干嘛跟一条狗过意不去。一百万在上海，那怕在靠近外环线附近，连一室一厅的房子都买不到，看来没一千万不行。有一千万会想，干嘛不当个亿万富翁？……就这样，一个目标实现马上又给自己设立一个更大的新的目标，人生又开始了新一轮的轮回，目标一直向前推移，最后一直推移到一个平方米的坟墓面前。如果说幸福和快乐在某些目标实现之后，那岂不等于说是在死了之后么？……当然，也许死了真的幸福快乐，我们只看到人们纷纷去死，却没见到死的人又回来一个，说明那边也不错：天天是星期天，一年到头放长假！

目标是地平线，充其量只是一个里程碑。

四、假如过程可以省略

现代人浮躁贪婪，急于求成，恨不得一夜暴富，——也就是想省略过程直逼目标。假使过程可以省略，——我们不妨作这样一个假设，那生活会是什么样的状态？

传说中有一种许愿花，你向它要什么，它就能给你什么。假如你得到了这么个许愿花，你想要什么？我们每个人想要东西太多，为了避免表达的复杂化，我们不妨再假设，只允许你要四次，你要什么？我在课堂上提问过这个问题。有一位学员答：先要一堆紫许愿花。这依旧相当于可以要无数的东西，这就没完没了了。我们规定不得再要紫许愿花。

就在今天晚上，你躺在床上想，奇妙的事情发生了：

你想拥有亿万财富。当你的这样想的时候，你就有了亿万财富——就像上帝创造世界一样。你想有个漂亮的妻子。当你这样想的时候，你梦中的情人就出现在你身边，你们爱得死去活来。你想有个爱的结晶，刚想完，只听见一声响亮的啼哭，你吓你一跳，问爱妻："怎么回事？"爱妻说："笨蛋！这还用问？我生孩子了！"于是，你看一个婴儿在淘气。这家伙想，要费多少心才能抚养成人。想罢，但见儿子像吹气一样长大了。儿子身边站着一个老太太，老得满身皱纹，就像木乃伊。于是你问："你是谁？""木乃伊"骂道："老不死的东西，连老婆都不认识了？"你一定很震惊，问："你怎么这么老？""木乃伊"说："看看你自己！"你往镜子里一看：镜子里有个瘦老头，留着一个"地方支持中央"的发型——四面铁丝网，中间溜冰场。只在今天晚上，你一生的愿望都实现了，这下你满意了？

急于求成——省略过程只奔目标，省略了工作的快乐与烦恼，省略了花前月下的浪漫，省略了锅碗瓢盆交响曲，省略了养儿育女的艰辛与乐趣……一言以蔽之，你不知道生活是什么滋味，这和自杀有什么不同？——还是让一切慢慢来吧！正是"人生五味"——生命中喜怒哀乐恩怨情仇构成丰富多彩的人生。现在，我们不正是这样吗？

五、假如人生可以设计

假如没有不走运的事，没有艰难挫折，假如一切都可以心想事成，那生活不是更完美吗？——史铁生曾作过这样的假设。

中国著名作家史铁生，曾是一名知青，插队回城患病，双腿不能站立，深受疾病之苦。他在一篇文章《好运设计》中写到，假如有来世，假如生命可以设计——也就是心想事成，他要谨慎投胎。要有健壮优美如卡尔·刘易斯般的身材和体质，有周恩来一般的相貌和风度，有爱因斯坦一样的大脑和智慧。史铁生不算贪婪，他没有选择出生在名门贵族，他选择出生在一个普通知识分子的家庭。从小受到家庭文化的熏陶，有良好的家教，父母通情达理，给他一定的自由，让他在童年时代可以尽情地玩耍。上中学后才华初现，各门功课都是第一名，老师有不懂的问题向他请教。他以最优异的成绩考取了名牌大学，他博学多才，音乐、美术无所不精，运动场上出尽风头，追求他的女同学成群结队，相互间争风吃醋。在众多的靓妹中，他爱上了一位纯情女生，如唐伯虎点秋香似的如愿以偿。心想事成，万事如意，幸福无边。想至此，史铁生产生了一点疑虑：人能在如此顺利圆满的恋爱中饱尝拥有的惊喜吗？没有挫折，没有坎坷，当成功到来时你还会有感慨万端的喜悦吗？幸福快乐会不会因此而贬值？叔本华说："倘使整个世界是一个豪奢的伊甸园，是一块流溢着乳汁和蜂蜜的田野，在那里，每个人毫不费力地得到自己的心上人，那么人们或者会厌倦而死，或者自缢而亡。"

为了保证幸福不贬值，史铁生开始调整"好运设计"，他要给恋爱加设一点小小的困难，不大的坎坷和挫折。加点什么呢？——让准岳父出来干涉他们的恋爱。可是，按照已有的设计，自己完美得无懈可击，准岳父理应高兴得夜里说梦话、流口水，如果反对，那不是有病吗？那么，设计点什么样的弱点和缺陷呢？愚蠢和丑陋是无法克服的，绝对的无知是白痴，相对的无知又谈不上是缺陷。……要不就加设一点病？深受疾病之苦的史铁生马上否定了这个念头，这一辈子都在病床上过，下辈子千万、万万不能再有病了。否则那还算什么"好运设计"？那么，生一场可以痊愈的大病如何？病好后苦尽甘来，可是新的问题又出现了：苦尽甘来又怎样？以后的日子万事如意岂不是又进入了缺乏激情的平淡和平庸了吗？这是不是绕了一个圈又回到了原来的老问题上？那就再设计一场新的可以痊愈的大病，为了保证有新鲜感，这一场病与上一场病不同，反正这个世界上可以痊愈的病很多。然后再苦尽甘来，如此反复无穷，直到生命的尽头。

如此看来，在这项设计中不要痛苦已经不可能了，现在只剩下一条路：使痛苦尽量小些，小到能够不断地把它消灭，这样他就能利用小小的痛苦换来不断的幸福感。可是世界上哪有常胜将军？就算有又怎样？最后还是要死，死把贫富贵贱统统归零。

史铁生的思维仿佛陷入了绝境，在苦苦的挣扎中史铁生的思维忽然如云开雾散，醍醐灌顶般地大彻大悟：对了，过程，只有过程！人唯一拥有的就是过程；追求使你充实，失败和成功都是伴奏；幸福是享受，痛苦也是享受！当我们真正认识到这一点，我们才真正懂得人生。

——对一般人而言，幸福是享受，痛苦是忍受、承受，当痛苦进入我们的审美范畴，成为一种享受的时候，人生还有什么不是享受？

——这里，我们看到挫折、痛苦对于人生来说是必要的！海明威甚至认为："绝望、苦难是使人更趋成熟和坚强的必由之路，人之需要失败和绝望，正像一艘船需要压舱的重量，没有它，船就成了风的玩偶，很容易被倾覆。"

六、乘车艺术

有一段时间，由于工作的需要，需要乘公交车，从浦东外高桥保税区乘公交车 971 到靠近东方明珠，大约需要一个小时。

吃早餐时，眼前浮现出公共汽车上人满为患的情景，早餐没味道。

谁都希望上车后有个座位，然而希望天天破灭。于是乎，退而求其次，希望身边坐着的人早点下车。

大凡表情沉着老练，冷漠傲慢，仿佛在与谁斗气、较劲，一副与公共汽车共存亡的那些乘客，你别往他面前凑，这种人不到终点站不下车。而那些看上去警惕性很高的人，大多很快要下车。我乘公交车的时候，就喜欢看这样的表情。

我看见一位女生，一边看报且不时地把目光投向车窗外，我觉得这种表情煞是可爱。哗！——女生把手里的报纸卷了起来，卷报纸的手势舒展、优美，像杨丽萍的孔雀舞。我不露声色地挤到她身旁，斜着眼睛一看：哇噻！女生真靓！皮肤洁白细腻、气质高雅，一看就知道是白领。鬓角上别一个黄色的发卡，像一只美丽的蝴蝶。女生的身上暗香浮动，香气袭人，让人感到头有些眩晕。这时，两个身强力壮的小伙子挤了过来，一前一后，我有些眩晕的头立即清醒过来，大脑的屏幕上"唰"地出现一个这样的情景：

三条狗，其中一条狗嘴里衔着一块骨头，环顾左右的同类，可以肯定地说，这条狗的心理，和我当时的心理是一样的。

我很紧张，我怕这两个人抢我的座位。按理说，我先到女生身边，他们不应该跟我抢。如果换一个角度，我就不会跟他们抢，这就叫素质、层次。但谁知道他们有没有我这么高的素质和层次？我开始观察，越观察越是忧心如焚，因为无论怎么看，这两个家伙都不像是有素质的样子！

公交车慢下来，马上到站了！我屏住呼吸，把屁股伸向女生身后椅背前面的空间，蠢蠢欲动，只要她一欠身，我就以迅雷不及掩耳之势坐下去……但是这个不怎么优美的造型，一直保持到公交车继续向前进，她也没有站起来。

你要是不下车，就专心看你的报纸，你把它卷起来干什么？！当然卷起来是人家的自由。不过，话说回来，有自由也不要滥用！

公共汽车继续向前进！几分钟就是一站。女生总算站起来。我心想：

"哼！算你走运！再不站起来，我往你屁股上踹一脚，一脚就把你踹下去！可是……她做了三个扩胸运动又坐下了！

终于要下车了——当然是我要下车了。临下车前我回头斜了她一眼，我突然发现：女生的模样很土气，很俗气，一张平庸的脸，毫无气质可言，一看就知道不上档次！鬓角上还别着个黄发卡，臭美！

回到办公室，半天没有缓过劲来：今天被一个女生戏弄了！

乘了半月的公交车，我有一个发现，一个伟大的发现：乘公交车的苦，不是站着时候的腿苦，而是站着时候想坐下的心苦，心苦比腿苦还要苦！

我开始自我安慰，用《组织行为学》里的术语说就是进行"自身内沟通"。

乘公交车站着有什么不好？一天到晚在办公室里坐着，本来活动就少，利用乘车时间站着锻炼身体，可谓一举两得！而且，就站一个小时。站一个小时会死吗？不会！疼吗？不疼！痒吗？不痒！就是腿有点麻，要是不麻就好了！……可是，要是不麻的话，那不成假腿了么？看来腿麻比不麻好！——也就是说有腿比没有腿好！一旦想通了，精神就获得了自由，海阔天空，上下五千年。

早上醒来，觉得神清气爽，不考虑挤公交车的早餐味道好极了，每天哼着歌曲去赶车，感觉耳畔有鸟鸣，空气里有花香。

一天早晨，我刚要出门，女儿关切地问："老爸，你牙疼吗？"我说："牙不疼。"女儿说："不疼，你哼哼什么？"我说："是哼歌。"女儿问："怎么那么像牙痛呢？"我说："是……牙疼之歌。"

上了公共汽车后，随便找个地方一站，略略分开双腿站稳，一只手抓着扶手，一副死猪不怕热水烫老油条的表情。作为一名乘客，我成熟了！

回过头来，再看那些一上车就东张西望，探头探脑想找座位的那些人，一副"下三滥"的样子，我觉得可笑：芸芸众生，不懂生活！有种"会当凌绝顶，一览众山小"的感受。

一次，一不小心踩到了一位胖胖的大约四十的女士的脚，我忙说："对不起！没看见！"那位女士傲慢地一扭头冷冷地说："没看见？要是在二十年前，你老远就看见了！"

我笑了，女士也笑。生活需要幽默！

一次，身边的一位先生突然下车了——这是个意外的惊喜。于是坐下去，闭上眼睛，抱着胸脯，用心地体会——坐下到底是多么的爽：感觉像发了一笔横财，自信心明显地增强。突然，感觉被人碰了一下，傲慢地睁开眼睛，吓了我一跳：我的面前站着一位女士，这位女士腆着一个伟大的肚子。根据我的直接经验判断，这种肚子不属于啤酒肚一类，而是肚子里有一个小宝宝——当然也可能是两个。是男是女？不知道，我的眼睛又不是B超。我开始发愁：怎么办？让还是不让？让吧，这么长时间就坐这么一次，不让吧……作为一个文明人，怎么可以不给孕妇让座呢？那还配称作一个文明人吗？为了做文明人，我无可奈何地站起来，说："你坐。"孕妇感激地说："谢谢！"我没有理睬她，心想：谢什么谢！下次再有座位的时候，别让我再碰见你就可以了！站起来后，再看那些乘客，统统都不顺眼：素质太低！大家怎么能不给一个孕妇让座呢？除了我，你们都应该让座，因为我的眼睛是闭上的，你们的眼又没有闭上！哪怕有一个素质高的，那……不就不用我让座了么！

上车的人很多，我怕人挤到孕妇，于是努力地站稳，形成一堵"防护墙"，想起一句话：站直了，别趴下！这时我蓦然有一种感受：仿佛我是一位荷枪实弹的战士，抱着钢枪，守卫在边防线上，保卫着国和家的庄严和神圣！

本以为坐着总比站着舒服，但事实并非如此，此时此地，我的心理远比坐着幸福快乐得多！

公交车上有两个阶层：一个是站着的；一个是坐着的。站着的想坐下，坐下的呢？看着车窗外私家车一辆辆示威似的流过，情不自禁地想：该有自己的轿车了。当有了自己的轿车，一件心事了结了，但又有了新的念头。一天开着"普桑"在高速路上行驶着，八十码。唰！有一辆宝马唰地超了过去。于是加油门：一百码，一百二、一百四，再加……感觉车要飞起来了，再看宝马连个尾巴都看不见了。心不由己地想：过两年买一辆比你还酷的，叫你也追不上！

本以为乘车坐着一定比站着舒服，乘轿车一定比乘公交车舒服，但事实并非完全如此。所谓欲壑难填，这个世界并不是为那一两个人而存在的，我们人生的许多欲望的满足，有的可以通过追求来实现，更多的则需要加以节制。如果我们不能节制自己的某些欲望，只能徒生烦恼。节制自己的欲望不是做苦行僧，而是有条件就享受，没有条件就接受。就像乘公交车，有座位就坐，没有座位就站，坐着欣然，站着坦然。

乘公交车，是上班的组成部分，上班是人生的组成部分，人生之旅就好比是乘坐一班公交车。只不过这班车大一点，乘客多一点，路程远一点，乘坐的时间长一点。然而，在无边无际无始无终的宇宙时空中，地球只是一粒尘埃，一万年只是一道闪电，公交车与地球，一小时的行程与百年人生千年历史，没有本质的不同。我们从第一声啼哭开始，就踏上了地球这班公交车，每个人都是地球这班公交车上的匆匆过客，空手而来，空手而去，除了拥有过程并享受过程外，没有别的享受，所以说：享受过程，就是享受人生！

"人间的净土"在人间，在人心中，是精神的家园。

第三章　给人生插花
——人生剪辑艺术

　　人生有很多烦恼，如何摆脱烦恼？佛家有一个方法："活在当下"。不想过去，不想未来。要做到这一点，有一简单易行的方法：敲木鱼念经。边敲木鱼边念经，无暇思考，"强行"地"活在当下"。红尘中芸芸众生，饮食男女，要获得衣食住行所必须的生活资料需要工作，不可能边敲木鱼念经边工作，不可避免、不由自主地会想过去，想未来，我们必须面对并正视这一现实。那么如何想过去，如何想现在，如何想未来？

　　过去的经历会影响我们现在的思想和心情，对未来的忧虑或展望，同样影响我们现在的思想和心情，我们是活在"现在"的，现实需要面对。心理学和中医学研究表明，人的心情影响身体健康。因此可以说，每个人不仅仅是活在现在，而是同时生活在过去、现在和未来的三维时空。瞻前顾后，患得患失，将人生经历"发酵"成苦酒，是对人生的糟蹋。那么，究竟该怎样对待过去、现在和未来？毫无疑问，这是人生艺术。这种人生艺术形同"插花"。

　　插花艺术，是指以剪切下来的植物的枝、叶、花、果作为素材，经过一定的技术（修剪、整枝、弯曲等）和艺术（构思、造型、设色等）加工，重新配置成一件富有诗情画意，能艺术再现大自然美和生活美的花卉艺术品。

"给人生插花"，是指以人生的过去、现在及未来——对未来美好的期许和想象为素材，进行艺术加工，"剪辑"成为富有浪漫主义色彩，感觉舒适，能艺术再现人生之美的人生艺术。

一、对于过去

《战国策·秦策》有一个故事：

梁国有个叫东门吴的人，儿子死了，但是他不痛苦。邻居问他："你爱自己的儿子甚于爱自己的生命。现在你儿子死了，你为什么不痛苦？"东门吴说："我本来没有儿子，没有儿子我不痛苦，有了个儿子又死了，跟原来一样。我有什么可痛苦的？"

东门吴运用的是算术方法：没有儿子时是"无子"，有过儿子又失去儿子也是"无子"，"无子"等于"无子"——没有儿子与有儿子又失去儿子一样。按照这样的逻辑推演，可得出这样一个结论：我们没有出生之前，是"零"；出生后，是"一"，百年之后死了，是"一减一"，依旧是"零"，所以我们活着等于没活着。这显然很荒唐。

但是，如果我们据此驳斥东门吴："你大错特错了！你应该痛不欲生，应该捶胸顿足撞墙上吊投河吃老鼠药。"那就太迂腐了。人之所以想出许多道理来，有时不过是为了给心理一个安慰，给行为一个理由。或许有人会说，这阿Q精神。什么是阿Q精神？漠视国家民族的命运，在国家民族生死存亡之际麻木不仁，是阿Q精神。对人生有意识的"剪辑"，却不失为人生艺术。

有一个故事，大约是从"东门吴丧子不哀"中演变出来的：

有一位美女结婚一年后生了个儿子，此后老公移情别恋抛弃了她。祸不单行，离婚后不久她的儿子夭折，她万念俱灭想跳海自杀。她上了一条老渔夫的船，船开到大海中间，她准备跳下去。老渔夫不可能见死不救，老渔夫怎么开导美女？如果老渔夫对美女说："姑娘，三条腿的蛤蟆找不到，两条腿的男人还怕找不到？我老伴老死了，你就嫁给我吧！"老渔夫要是这么说，那美女死定了，非跳海不可。还好，老渔夫没这么说，老渔夫问她："姑娘，两年前你是什么样子？"美女说："两年前我是个快乐的单身贵族，追求我的人如过江之鲫，既没有老公，又没有孩子。现在惨了：既没老公，又没孩子。"老渔夫说："这跟两年前不是一样吗？有啥想不开的？"美女点点头，打消了跳海的念头。

《列子》中有一故事：

宋国的华子，中年得了健忘症。早上的事，晚上即忘；晚上事第二天早上又忘。在途中，忘了走路，在屋里则忘了坐下。鲁国有个儒生，声称能治华子的病。华子的妻子愿用一半家产换儒生的药方。儒生为华子治病，最后七天在一间屋中秘密进行，不让任何人打扰。门紧闭七天轰然洞开，最先跑出来的是鲁国的儒生，华子手中提着根棍在后面追赶。在闻声而来的邻居赶来控制住华子，问其原因。华子说：过去我什么都忘了，时光飞逝不知不觉，有如飘荡在天地间的一片飞絮，那是多么美好的时光啊！现在都想起来了，几十年的存亡、得失、好恶、哀乐……纷纷攘攘全都回来了，又要和它们一起生活，混乱、操杂、无序，一刻也忘不掉！

在华子的精神世界中，遗忘无比美好。我不是说要想得到幸福就必须得健忘症，而是说该遗忘的就要"删除"。人生的过程好比一部以自然主义的手法拍摄的记录片，人生经历事无巨细都被摄录在这部记录片里，并储存在我们的大脑之中，把记录片中不堪回首的片断删除掉——删除的含义是不提起、努力地使之忘却，不让过去的痛苦、烦恼、失意来骚扰现在和将来的生活。许多人不懂得这种艺术，总是唠唠叨叨没完没了地重提令人不快的陈年旧事，这就好比是该删除的不删除，反而反复地回放。把一次伤害变成十次伤害，百次伤害；把一次烦恼变成十次烦恼，百次烦恼。许多家庭破裂，亲人反目成仇，夫妻分道扬镳，就是因为不懂这种人生艺术所致。

"过去的就让它过去吧"，这是针对会给我们带来烦恼痛苦的往事而言的，不是把过去的一切记忆统统抹掉。对于人生曾经的精彩片段与辉煌乐章，应该经常回顾——反复"回放"，这是自我陶醉与获得自信的一种艺术方法。

每当我缺乏自信的时候，我就开始回想我从小学和中学时代。从小学到高中，我所有功课在班上都是第一名。我喜欢考试，因为一考试我出风头的机会就到了。上小学的时候尤其喜欢考试，因为一要考试，靠近我坐的同学会送鸡蛋给我吃。送一个鸡蛋给看两题，送两个鸡蛋给他看五道题——相当于"批发"。中学生作文比赛，我获得全县第一名。初中考高中，我的数学、作文和总分都是全县第一。我因此当上了县重点中学高一（1）班班长。以这样优异的成绩进入高中，高考成绩想当然也不会差，但是想当然是错误的，高考成绩不尽如人意，最直接的原因就是高考题目出偏了——好多内容超出了我所掌握的知识范围；间接原因是：我患胸膜炎住院治疗休学一年，别人读三年高中，我读两年，但还是考上了大学。

对于过去的人生中华美乐章，和"激情燃烧的岁月"，应该仔细地品味咀嚼，与愿意分享的亲朋好友分享，那是骄傲的资本，是获得自信的源泉。

有句俗话叫"好汉不提当年勇"。为什么不能提当年勇？我倒觉得好汉要经常提提当年勇，这可以提升我们的幸福感和自信心。——当然，要在喜欢听的面前人去"提"。无人喝彩是一种孤独。作为你我，当他人谈论他们过去的辉煌时，不要不耐烦，多一些理解，假如时间许可，不妨静静地聆听，这是一种修养，是一种高贵。

二、对于未来

对过去的艺术加工有"剪辑"与"回放"，那对未来该做怎样的艺术构想？

《红楼梦》里有一个情节：

林黛玉生贾宝玉的气，一个人跑到大观园里她前日葬花的花冢前去哭。贾宝玉到大观园找林黛玉，"爬山渡水，过树穿花"，还没有转过山坡，只听山坡那面有呜咽之声，哭得好不伤心。下面，就让我们与贾宝玉一起聆听林黛玉那珠圆玉润般的哭声罢：

花谢花飞花满天，红消香断有谁怜？游丝软系飘香榭，落絮轻沾扑绣帘。闺中女儿惜春暮，愁绪满怀无处诉。手把花锄出绣帘，忍踏落花来复去。柳丝榆荚自芳菲，不管桃飘与李飞。桃李明年能再发，明年闺中知有谁？三月香巢已垒成，梁间燕子太无情！明年花发虽可啄，却不道人去梁空巢也倾。一年三百六十日，风刀霜剑严相逼。明媚鲜妍能几时，一朝漂泊难寻觅。花开易见落难寻，阶前闷杀葬花人。独把花锄偷洒泪，滴上空枝见血痕。杜鹃无语正黄昏，荷锄归去掩重门。青灯照壁人初睡，冷雨敲窗被未温。怪侬底事倍伤神，半为怜春半恼春。怜春忽至恼忽去，至又不言去无痕。昨宵庭外悲歌发，知是花魂与鸟魂？花魂鸟魂总难留，鸟自无言花自羞。愿侬此日生双翼，随花飞到天尽头。天尽头，何处有香丘？未若锦囊收艳骨，一抔净土掩风流。质本洁来还洁去，强于污淖陷渠沟。尔今死去侬收葬，未卜侬身何日

丧？侬今葬花人笑痴，他年葬侬知是谁？试看春残花渐落，便是
红颜老死时。一朝春尽红颜老，花落人亡两不知！

光阴似箭，人生苦短，人是这个世界上的匆匆过客。在历史的长河之
中，人的生命就像是一朵花——甚至于还不如花朵，花落明年能再发，青
春一去不复返，人死如烟消云散。这本是人所共知大家心照不宣的难言之
隐，林黛玉把它捅破了，说穿了，它能引起所有人的共鸣。第一个产生共
鸣的当然是贾宝玉。

林黛玉低吟、哽咽，情种贾宝玉在山坡上听见，一开始只是点头感叹，
当听到"一朝春尽红颜老，花落人亡两不知"之后，"痛倒在山坡之上，
怀中兜着落花撒了一地"。想到花容月貌的林黛玉，将来香消玉殒如鲜花
零落成泥般无可寻觅时，心碎肠断！既然林黛玉最终无可寻觅，推想到宝
钗、香菱、袭人、芳官等等，还有自己，将来都无处寻觅，这大观园也不
知属于谁了，如此一路推演下去，贾宝玉悲伤而茫然，不知人生意义何在。
而此时此刻，贾宝玉、林黛玉正置身于鸟语花香蜂飞蝶舞的大观园，"花
影不离人左右，鸟声只在耳东西"。

从青枝绿叶到花儿带露开，再到"花落人亡两不知"是美女的必由之
路，但今日的美女与未来的年老色衰及死亡之间，还有一段青春年华。林
黛玉、贾宝玉不去尽情地享受当下美丽的青春，却把焦点直接对准人生的
终点。明明是娇艳欲滴的花蕊，偏偏把它想象成完全燃烧的灰烬，人生还
有什么诗意？这就好比把人生纪录片中最精彩的部分剪掉、删除，这是"剪
辑"的失误。比如插花，把美丽的花朵剪去，留下枯枝败叶。

林黛玉和贾宝玉可以作为我们的审美对象，但绝不是我们学习的榜样。
以现代人的眼光看"黛玉情结"，可以用两个字高度概括——有病！

我们不是多愁善感小心眼的林黛玉，但是，我们或多或少地都具有黛

玉情结，虽无对死的感叹，却有对于生的忧虑。"白日不照吾精诚，杞国无事忧天倾"。我们不曾担心天塌下来，但是担心找不到一份好工作，担心领导、同事对我们有看法，担心找不到理想的伴侣，担心买不起房子、车子，担心儿女考不上大学……我们自觉不自觉地把无数担忧进行放大，终于有一天有一个时辰，压死骆驼的最后一根稻草出现了——这众多的忧虑，累积成生命之舟不能承受之重。从凡夫俗子到贵族精英都不能摆脱这样的困境。

那么，究竟该如何面向未来？——把注意力指向愿景。所谓愿景，就是目标实现时候的情景。愿景不会"自然而然"实现，需要我们的智慧与汗水，展望未来，对美好未来的期许会激发人内在的创造力；同时，注意力聚焦于愿景，人生就不会偏离方向，有限的生命与精力汇聚在一起，人生目标才可能实现。同时，神经病学家研究发现：人脑的生理特点是预期快乐总是比现实的乐更鲜明强烈。持久的快乐来自对未来的良好预期。

因此可以说：对于未来，我们把注意力指向愿景，指向一切美好的事物，这种富有创造性的想象，是成功的需要，也是人生艺术。

三、活在当下

"拈花一笑"的故事流传很广：

一日在灵山，大梵天王献金色婆罗花给世尊，并请世尊说法。世尊一言不发，拈婆罗花遍示众人。众人不明白世尊拈花示众的意思，相觑无言。惟世尊大弟子摩诃迦叶破颜一笑。于是，世尊将衣钵传给了摩诃迦叶。

世尊拈花示众，众人默然无语。他们在思考世尊的意思，思考不出结果，茫然，心烦意乱，不仅感受不到"拈花示众"之美，反而萌生了负面情绪。从这个意义上说，人类对生活的思考，就像肢解生活的手术刀，破坏了生活本身的美感。美感源于感受，不是来自思考。

世尊拈花示众，在摩诃迦叶那如同初生婴儿般至真至纯的心中、眼里，那动作很优美，他因美感而微笑。这时，摩诃迦叶像露珠，世尊拈花像日出，微笑是露珠里的日出，一切都是那么自然而然。摩诃迦叶此时此刻的心境就是"活在当下"。

"拈花一笑"故事中，摩诃迦叶的心境，是活在当下的诗意表达。用直白的话说，什么叫活在当下？就是把注意力集中在此时此刻正在做的这件事情上，接受、体验当下的一切。就像麦苗接受冬雪春雨，就像青松"体验"春夏秋冬。——如此说来，大家不都是活在当下吗？不然。做事心不在焉；这山望那山高；沉溺于过去，忧患于未来。身体在这里，心在别处，灵与肉分离，精神分裂，都不是活在当下。

有道是殊途同归——"条条大路通罗马"，"赵州茶"的公案与"拈花一笑"的公案一脉相承。

赵州从谂禅师以"吃茶去"的口头禅闻名于世，时称"赵州茶"。监院引领两位从远方来的僧人拜见赵州禅师。僧人向禅师请教什么是禅。禅师问一僧人："以前来过吗？"答："来过。"禅师说："吃茶去！"继而问另一僧人："你来过吗？"答："没来过。"禅师说："吃茶去！"监院好奇地问禅师："怎么来过的你叫他吃茶去，没来过的也叫他吃茶去？"禅师说："吃茶去！"

无论是两位僧人，还是监院，既然来了，高僧出于礼节，请客人"吃茶去"（不可能请客人吃酒吃肉去）是自然而然的事，除此别无它意。僧人及监院思考"吃茶去"之外的深意，对"吃茶去"进行抽象的思考，那纯粹、质朴、温馨的"吃茶去"的生活就像被解剖一样体无完肤，禅机荡然无存；就如"拈花示众"之美，不是来自思考，而是来自体验。

活在当下是体验当下，不是思考当下。诚然，正如我在开头所说的，作为红尘中人，我们不能边敲木鱼边念经"活生生"地活在当下，也不能沿袭摩诃迦叶及赵州禅师的生活模式，因而无法企及那样的境界；红尘中人活在当下该是怎样的？我们依旧以案例说法：

一个人为逃避老虎的追赶，从悬崖上掉了下去，在坠落的过程中他抓住了一根藤条，身体悬挂在山腰的峭壁上。上有老虎，下有深渊，人在山腰。这时，他发现藤条旁的石缝里长出一株草莓，他的嘴边有一颗熟透的草莓。他应该干吗？——吃草莓！吃草莓就是活在当下。他现在能够把握的只有那颗草莓。有人说，马上就要死了，还吃什么草莓？可问题是现在不是还没有死吗？

林黛玉的生态不是"活在当下"，而是沉溺于过去，忧心于未来。假如黛玉"活在当下"该如何？与贾宝玉手牵手"爬山渡水，过树穿花"，看百花齐放蜂飞蝶舞，听百鸟争鸣，找个僻静之处，二人独处，想干什么干什么。这就叫活在当下。

"活在当下"不是今日有酒今日醉，而是珍惜现在，把握现在。

人们对现实生活的认知，往往不自觉地作了"选择性地观察"。选择性地观察相当于"选镜头"。假设一名记者到某城市采访，他把拍摄镜头对准即将拆迁的危房，对准酗酒闹事的醉鬼，机缘凑巧抓拍到一个小偷扒窃的全过程。经由电视台播放，题为："某市一日游"。你会认为这个城市脏、乱、差。

所谓注意力等于现实。假如我们总是把注意力聚中在一些不走运的事情上，集中在生活的阴暗面上，就会认为自己是个倒霉鬼。

我们平日里看人生世态，就像看天空，遇到什么天气就看什么天气。其实，我们完全可以像"五一"或"国庆"放长假，到风景区去看风景，专拣好看的地方看，这就好比把镜头始终对准人生光明面。以这样的视角看世界，就会觉得世界很美好，人生充满乐趣。

　　"选择性地观察"是"给人生插花"的艺术。

　　"现在"是对待"过去"和"未来"的立足点。人同时生活在过去、现在和未来三维时空。对过去，我们"删除"掉不堪回首的记忆，不要让过去的痛苦烦恼来骚扰今天的生活，对过去的人生精彩的片断、"激情燃烧的岁月"，要经常回忆、"回放"，这可以提升我们的自信心和幸福感；对未来，我们不要天天算计种种得失，而应把注意力指向愿景，这种富有创造性的想象，是成功的需要，也是人生艺术；对现在，我们"活在当下"——珍惜现在，把握现在；对人生进行"选择性地观察"，把注意力聚焦在"真善美"上，要像一只蜜蜂寻找诗意的花蕊，而不是像一只苍蝇营营于现实的垃圾。

第四章　化火焰为红莲

"化火焰为红莲"源于佛学，火焰的形状与红莲神似，意象很美。"火焰"是"贪嗔痴慢疑"五毒等负面情绪；"红莲"静美，比喻和谐的人生观，平静、愉悦等正面情绪。"化"是转化、修炼的艺术。这里我们借用"化火焰为红莲"的意象，代指"情商修炼"，情商修炼就是情绪管理。

一、情商层次

情商是对自己情绪的认识能力和调控能力。我把情商划分为四个阶段：对应、克制、自在和无我。

1. 对应

"刺激——反应"直接对应，就像是金属的热胀冷缩。像孩子似的，毫不掩饰自己的情绪，喜怒哀乐都表现在脸上。情绪上受制于自然环境、社会环境人际环境的变化，情绪大起大落；行为上怎么想就怎么做，跟着感觉走，放任放纵自己的情绪，不计后果。现实生活中，动辄发脾气的"大炮"、急性子，号称"没有仇人——有仇立马就报了"的人，皆处对应阶段。这种人往往有一个自我评价："我这个人，直！"直什么直？——情商太低！

——在上海交通大学继续教育学院举办的党政干部培训班上，来自某省的几十名财政局局长，当我讲到这里，发出笑声，目光聚焦到财政局培训中心的 H 主任身上。H 主任每次讲话，最后总是要来这么一句："我这个人直！"后来听说，从此以后，谁说他直，他跟谁急。次年，该省财政厅邀我去讲学，接待我的便是 H 主任。晚宴间，H 主任的部下向我赞美 H 主任："颜老师你知道吗，我们 H 主任为人很直！"H 主任斜了他一眼，骂道："你他妈才直！"如 H 主任般的情商，便是对应。

2. 克制

刺激与反应在心理层面上依旧对应，内心情绪依旧会大起大落，但是能够有意识地对情绪加以调控，而非放任与放纵，学会了"忍"。佛教上说：忍是船、是桥、人生的许多"坎"非忍不能过也。

《唐书》记载，张公艺九世同居，唐高宗问他睦族之道。公艺提笔写了一百个忍字递给皇帝。从那之后，姓张的多自命为"百忍家声"。

祖先造字，"忍"字"心"上一把"刀"。一个忍字了得！

一日，一位佛家弟子在街上，看到一个酒鬼在撒酒疯，把一位无辜的小贩打得鲜血淋漓。这位佛家弟子愤怒了，本想出手制止——凭他的武功可以轻而易举地制止酒鬼的撒泼行为，但是想到师父说过的话"凡事以忍让为主"，于是咬了咬牙，忍住了。酒鬼看到小和尚一脸愤怒，骂道："小秃驴，找死！"随后劈面一拳，打得小和尚眼前星光灿烂。小和尚想还击、教训酒鬼一顿，但想到师父的教诲："忍字心头一把刀，难忍能忍"，于是撒腿便跑，比兔子还快。回到寺庙，师父见弟子鼻青眼肿，问出了什么事。弟子如实相告。师父说："你虽能忍，但却不知忍字的真义。忍的目的是以忍息怨，息事宁人，是光棍不吃眼前亏，而非以忍造孽。"

能忍，不等于事事都忍。鸡毛蒜皮无关大局的事，可一忍了之；"小不忍则乱大谋"是当忍则忍；但是大是大非原则面前，该出手时即出手。一味地忍，是迂腐、懦弱、窝囊，与真正的忍是背道而驰的。

3. 自在

情绪有起有落，但如轻风徐来微波荡漾，宠辱不惊，无需克制，自然从容，喜怒哀乐恩怨情仇不形于色，不再情绪用事，理性主导行为。

淮阴侯韩信受胯下之辱，是国人耳熟能详的故事。一个屠夫的儿子，见韩信既不务农也不经商，整天挎着剑游荡，很不顺眼，当众挡住他的去路说："有种砍我一剑，没种从我的裤裆下面拱过去。"韩信选择了拱裤裆。像韩信这样情商就是自在阶段的情商。或许有人想：原来情商是这么修炼出来的！果真如此，结过婚的先生们，跟老婆商量一下，别说拱一次，来回拱个十次、八次条件也具备。纵然拱一百次，也达不到自在层次。

古人有"南方之勇与北方之勇"一说，北方人与南方人的个性特征是有差异的，尽管近两千多年过去，这种个性差异依旧存在。一次，在梁山英雄好汉故里山东某市委礼堂讲学，提问："诸位，如果你遭遇到韩信的境况将如何？""砍！""砍"声在礼堂回荡，余音绕梁。长江以南情形与之就大不相同，一次我在东南某沿海城市宣传部举办的"大讲堂"上，问及这一问题，会场一片寂静。沉默许久，听到了一声怒吼："砍！"后来一了解，这人来自黑龙江。前排的一位先生忖度良久说："拱吧"。我说："你就是拱，情商也没有自在。"先生问："为什么韩信拱情商就自在，我拱就不是自在？难道拱裤裆还有什么技巧吗？"我说："这不是方法技巧问题，关键是拱裤裆时的心情。请问你拱过去之后心里怎么想？"答："君子报仇，十年不晚！早晚要收拾他。"我说："韩信拱过之后，有一个小动作：掸掸膝盖上的尘土，昂然而去。给人感觉有几分潇洒。由此可见，韩信情绪很平静，这是自在。你呢，压抑住一腔怒火，怀着强烈的报复心理，只是克制。同样是拱，境界不同。"

不妨再说一例：

武则天时代有一个丞相叫娄师德。据史书记载，娄师德为人"宽厚清慎，犯而不较"——宽容、厚道、清廉、自律，你冲撞了他，他也不跟你计较。一次，他的弟弟要到代州去做官。娄师德准备交待他几句，没容娄师德开口，他弟弟就说："兄长心思我明白。我到代州之后，就是有人往我脸上吐口唾沫，我把它擦下去就是。你尽管放心。"娄师德听后脸色骤变："兄弟啊，兄弟！这正是为兄担心的事。人家往你脸上吐唾沫，那是人家生气啦。你把它擦下去，那不是顶撞人家吗？不能擦呀，要让它慢慢地干。"——这便是成语唾面不拭的出处。

一次，课堂上有位女生听了这个故事，跟我开玩笑："老师，要是我往你脸上吐口唾沫，你怎么做？"——我没想过会发生这种事，一时也不知如何回答，反问："你猜猜看。"女生想了想说："你再往我脸上吐一口。"我说："我的情商会那么低吗？"女生说："那你就不擦。"我说："你认为我的情商会有那么高吗？"女生问："那你到底怎样？"我说："在你想吐而又没吐唾沫之前，我就奉劝你千万别吐，吐了说明你情商太低。"

4. 无我

何谓无我？心如明镜，来者即照，去者不留。无"贪嗔痴慢疑"五毒，眼耳鼻舌身意"六根清静"，喜怒哀乐恩怨情仇"八风"不生。无论发生了什么事，心如止水。感受与刺激、与环境没有直接关系。这种情况现实生活中难以找到，佛教上有这样一个公案：

释迦牟尼成佛之前，曾修炼"忍辱法门"。一次他在山中修炼，歌利王带着一群妃子到山中游玩。看见释迦牟尼摩顶放踵，众人围观看稀奇。歌利王问："你在干什么？"释迦牟尼说："修炼忍辱法门。""什么是忍辱法门？""就是无论发生什么事我都不生气。"歌利王说："这绝不可能！"释迦牟尼说："信不信由你。"歌利王抽出剑，把释迦牟尼的耳朵割下来一个，问："生不生气？"释迦牟尼说："不生气。"歌利王又割下另一个耳朵，问："生不生气？""不生气。"释迦牟尼不生气，歌利王生气了，接着，把释迦牟尼的两只胳膊两条腿都砍了下来，问："生不生气？"释迦牟尼道："你这个人真可无聊，我又没得罪你，你怎么能这样？等我修炼成佛之后，我第一个渡的就是你。"释迦牟尼修炼成佛之后，第一个渡的就是歌利王，歌利王是五"比丘"之一。

像释迦牟尼的表现，是"无我"境界，这是佛的境界。这不是我们修炼情商，要达到的境界。平凡人生，达到"自在"阶段，就算高情商了。如果想知道自己的情商处在哪个层面，请看下面这个虚拟的实验。

假设，某日你在户外，站在蓝天和白云之下，忽然感觉脑门发酸，于是你展开双臂面向蓝天，张开嘴巴，准备打一个富有阳刚之气或者阴柔之美的喷嚏的时候，一件奇妙的事情发生了：有一只美丽的小鸟从空中飞过，飞到正上方时留了一点"纪念"，"纪念品"恰好落到嘴里，你有何反应？——反应因人而异，回答五花八门，摘录几条，略作分析：

1. "用枪把这该死的鸟打下来！"

2. "倒霉！"

3. "真是千年等一回！从天是掉下来的鸟粪叫天粪（天分），天粪（天分）落到了我的嘴里，好兆头！马上就去买体育彩票！"

4. "从天上掉下来的鸟屎叫天屎（天使），天屎（天使）落到我的嘴里，预兆有个美丽的小姑娘爱上了我！"

5."不吉利。努力不去想它。"

你可以对照一下，看自己的心理活动接近其中的哪一种情况。如果类似于前四种，情感尚处于"对应"层面，前两种情绪是低落，表现消极悲观心态，后两种情绪高涨，表现了乐观心态。情绪大起大落是处于对应阶段情商的主要特征。若是第五种，处于"克制"层面。这上面的五种情形，尚没有"自在"和"无我"的层次，可见大多数人的情商需要修炼。倘情商处在"自在"阶段，会是怎样的反应？假如纪念品落到嘴里，你一点都不大惊小怪，你是这样想的：

新陈代谢的宇宙间不可抗拒的规律——小鸟在天空中方便，正常；鸟粪以自由落体的形式向下运动，符合牛顿定律；鸟粪落到我的嘴里，还是其他人的嘴里，或者别的什么地方，符合哲学上必然和偶然的辩证关系。至于是把它吐出来，还是把它吃掉，完全取决于个人的口感。如此，便是"自在"阶段。

如果达到了"无我"境界会怎样？情绪没有任何变化，没感觉。之于那泡鸟粪，是随着打喷嚏喷出去了，还是吃下去了，顺其自然。"无我"是成佛的境界，红尘中人，无须追求这样的境界。

二、化火焰为红莲

为什么要管理情绪？为什么要修炼情商？

心理学认为人有九类基本情绪：兴趣、愉快（快乐）、惊奇、悲伤、恐惧、愤怒、羞愧、轻蔑、厌恶。兴趣和愉快是正面的，惊奇是中性的，其余六类都是负面的。在这九类基本情绪中，人的负面情绪占绝对多数，因此人不知不觉就会进入不良情绪状态。人要想摆脱不良情绪，需要修炼情商，对情绪进行管理。美国《纽约时报》专栏作家丹尼尔·戈尔曼在《情感智商》一书中指出：成功等于百分之二十的智商加百分之八十的情商。心理学与中医理论研究表明，人的情绪会对人的身体健康有直接影响，中医学研究发现"怒害肝，忧虑伤肾，多疑伤脾"。日本医学界出了本叫《脑内革命》的书，认为每个人都能够活到125岁，之所以很少有人活到这个年龄原因在于情绪失衡。概括起来说，情商与人生成败有关，与健康与寿命有关，与幸福感有关，所以我们有必要修炼情商。

如何修炼情商？如果我们不谈佛家修炼的终极目的，把佛教当作学问来研究，我们发现佛教上情绪管理——修炼情商的方法，所达到的高度令人叹为观止。众多高僧大德，历时千年，潜心研习，千锤百炼，形成的一套方法可以说是"空前的"大智慧。所以不说是"空前绝后"的大智慧，因为"绝后"意味着不再发展，那样说太武断。下面我们借用佛家修炼的框架，用现代案例来谈情商修炼。我们从六个方面展开：一、自我觉察；二、善观因缘；三、想得开；四、拿得起；五、放得下；六、禅修。

1. 自我觉察

所谓自我觉察，就是在人际交往时，对方说什么做什么，"立即反应"，会因对情绪缺乏必要的调节，沦为意气用事；所以应该"慢半拍，二思而后行"。"慢半拍"，为的是给思考留下必要的时间，进行"情绪认知"——我是不是有些情绪化？情绪化容易说错化做错事，需加倍小心；"二思而后行"是权衡利弊，作出选择。很多政治家在回答记者提问时，都明显慢半拍。你不要以为他反应迟钝，那是有意识的。

"三思而后行"这句话可谓妇孺皆知，乍看"二思而后行"，你或许以为是笔误，或打错字了，其实不然，这么说是刻意为之，但绝非故弄玄虚。"三思而后行"这一说法有问题，孔子早就发现了。《论语·公冶长第五》："季文子三思而后行。子闻之曰："再，斯可矣。"这里，"三思"指多次思考，"再"指两次。孔子认为思考两次就够了，为什么？因为人的决策、行为有利弊得失，无论是先从正面思考还是从反面思考，都只有两面，一次思考正面，一次思考反面，两面思考完毕，权衡利弊，就该采取行动。事物往往一体两面，好比钱币，看完正面看反面，两面看完就知道钱币是怎样子了。如果正反两面都看完了，再翻来覆去地看，那不是有病？重大决策，为慎重起见作深度思考尔后行动非常必要，这样失误的概率就小一些，成功的概率就大一些。"深度思考"的本质仍是"二"，都是围绕着利弊两个方面进行。过度思考，"三思而后行"就演变成了瞻前顾后、畏首畏尾。季羡林先生也认为"三思而后行"不足取。他说："思过来想过去，导致头脑发昏，越思越想糊涂，就是不付之于行动，不敢行动，有时会贻误大事。"譬如过马路，一辆车向某人疾驶而来，这样生死攸关的大事，需要慎重考虑，是前进还是后退？如果思考一遍又一遍又又一遍，结果可想而知，此时需要当机立断。越是重大的问题，往往越是要当机立断，过于慎重的人，最终会沦为思考的巨人，行为的侏儒。

自我觉察，不仅适用于情绪管理，也适用于决策。

下面依旧以形象说法，我利用"自我觉察"理论管理情绪的一个案例。

有一次，我感觉到头痛，到医院看医生。医生诊断速度很快，两分钟后拿起笔开处方，唰唰唰唰，横撇竖捺，宛如文思泉涌，诗兴大发。我感觉血压直线上升。我冷冷地看着医生，心想：我就不叫停，看你能把它写成诗集不成！医生总算停下笔，撕下厚厚的一打处方，递给我。我接过处方盯着他。医生问我："你还有事吗？"我问："我这头为什么痛？"医生说："大概是工作压力比较大。"我想反问："你开的这些'玩艺'医治工作压力吗？！"……好在咱三天两头讲情绪管理，第一步——自我觉察："慢半拍，二思而后行"。首先是"情绪认知"——我是不是有些情绪化？明显是情绪化；立即反应——把这句话说出来会如何？我们会争论、争吵起来，彼此都会发怒。中医学理论研究表明"怒伤肝"。人就一个肝，不是菜市场的猪肝，岂可随便伤害？权衡利弊之后，觉得反问弊大于利，不问利大于弊。我的做法是把医生开的药方统统扔到垃圾桶里。——当然，这个行为不能让医生看见，否则医生会发怒，怒伤肝，医生也是一个肝。我的做法，使得我的肝和医生的肝，都得到了很好的保养。

"慢半拍，三思而后行"，这里的"行"——反应，可以是沉默，沉默也是一种反应，一种"行"。

2. 高雅的沉默

对于禅机，禅者"不立文字，教外别传，明心见性，直指人心"。日本禅师林木大拙说"以树林为笔，以大海为墨，以蓝天为纸，写不出禅机之万一"，禅机不可说，说不到位，无法用语言表达，于是"不说"——这其实并非真正的沉默，是没法说。

"对有见解的人而言，沉默是最愚蠢的表现；对笨蛋而言，沉默是最聪明的表现。"——在某种情境下，该说且能说却不说，是愚蠢的；该说不会说硬说，也是愚蠢的。这里，不说也不是真正的沉默，是藏拙。

真正的沉默是：不是无话可说，也不是说不明白，是能说不说，想说不说。现实生活中，许多时候，我们根据自身的经验、判断、或基于某种理由，认为不说比说出来好，沉默利大于弊，于人于己都有益，这才是真正的沉默。

譬如你了解他人的隐私，说出来有损他人的名誉，让他蒙羞，那就沉默；不仅如此，那怕只有你们两个人，是两人之间的密谈，依旧对自己所知——有关他人的隐私守口如瓶，否则就会伤害他的自尊，影响到彼此之间的感情，不如沉默。

再譬如，你面对一个自我感觉良好的人，其实他不像自己自我感觉那么良好，就算你清楚——他良好的自我感觉是建立在缺乏自知之明基础上的，说破不如沉默。除非你确信说出来他能听得进去，对他有益。自我感觉良好的积极意义在于：它像一个美丽的肥皂泡，尽管注定破灭，多维持几秒就多几秒美丽，迟一点比早一点好，你何必早早把它戳破？这里，沉默是一种仁慈，一种高雅。

关于沉默，本想写一篇大文章。又想，写的是沉默，沉默的智慧在于不说，说多了岂不是悖论？

3. 善观因缘

情绪管理与医生看病同理：善观因缘，才能对症下药，从而药到病除。何谓善观因缘？我接着上面的案例往下讲。

从医院回到家，只见老婆坐在沙发上，白毛巾扎着头，像日本武士，一副杞人忧天的模样。我关切地问："怎么啦？"老婆说："头痛。"我说："真是怪事！我也头痛！"这时女儿放学回来，见我和她妈妈同病相怜惺惺相惜的样子，吃惊地问："爸妈怎么啦？"我们一起大声回答："头疼！"女儿嗅了嗅鼻子说："我知道你们为什么头痛。"我不屑一顾地乜了女儿一眼说："我实话告诉你罢：老爸头疼的根源是很深奥的，医生都搞不懂！"女儿说："我一进门闻到蚊香味，就头痛。"莫非真是蚊香熏的？连续两天不点蚊香，我和老婆的头都不痛了。这个事件可以从侧面印证这一品牌蚊香的功效不容置疑：你想，连人都快熏死了，何况蚊子？

医生诊断我头痛的原因是"工作压力大"，是把蚊香导致的生理反应当作了心理原因，当然也有把心理原因误认为是生理原因的：

从上海虹桥机场乘飞机飞往郑州新郑机场，为河南省"某某大学总裁班"讲学，到机场接我的除了司机，还有一位姓徐的女士。我与徐女士通过几次电话，但是第一次见面。途中，徐女士问我："老师，我看到你主讲的课中有一章是情绪管理。我最近很郁闷，可能是更年期到了，你说怎么调节更年期的郁闷？"我听后吃了一惊，凝神徐女士良久。现代女性的年龄你根本没办法估计，四五十岁的做做美容，像三十来岁；五六十岁的做个"拉皮"，一家伙能拉到二十岁！我说："如果你不说更年期到了，我估计你顶多三十四五岁！"徐女士问我："你看三十四五岁？！"我说："绝对不是恭维你，怎么看都不像四十四五岁！"徐女士说："我今年二十四岁。"我们彼此都有些尴尬，我问："你二十四岁哪来的更年期？"徐小姐说："我今年刚毕业，从大学走向社会，这不是更年期？"——这叫什么更年期？！徐小姐把心理原因当作了生理原因，就不叫善观因缘。善观因缘，才能找出离苦之道。

影响情绪的有生理因素和心理因素。由生理的原因导致的情绪不佳，属于医学范畴，这里不予讨论。我们要讨论的是心理的问题。影响情绪原因又可以分为两个方面：一是外部刺激；二是自寻烦恼。

外部刺激。

譬如，工作压力，家庭压力，或受到了不公正的对待，或者是受到语言上的侮辱或行为的攻击，而引起的情绪反应，是外界的原因。

某人只要与人交往，就会发生争吵，天天生气。他认为人真不是东西，他不愿与人类为伍，独自躲进人迹罕至的深山隐居。一日，他从山腰提陶罐到山下打水，打水归来，半道上脚下一滑，罐中的水洒了。他只好返回山下打水，打水归来同样的故事又发生了。他一气之下，把陶罐使劲地往石头上摔去，陶罐摔得粉碎。他豁然开朗：以前总认为生气、发怒都是别人引起的，现在就一个人，还不是照样发怒？可见，怒气是从自己心中生出来的。

岂止是怒从心出，喜怒哀乐爱恨情仇都是心中生出来的，没有心就没有这些情感情绪。有一个源于佛家的哲学命题叫"心外无物"，如果我们把"物"换成"情"，谓"心外无情"则无可争议。老子的《道德经》里有一句话："宠辱若惊，贵大患若身，及吾无身，何患之有？"

内心冲突。

一个人思维可以把天堂折腾成地狱，也可以把地狱创造成天堂。

宋先生经常到全国各地讲学。他出差不喜欢乘飞机，喜欢坐火车，他认为坐火车比乘飞机安全。火车出事故大不了就是晚点，飞机在天上，要么不出事故，一旦出事故飞机从天上掉下来，活的可能性等于零。这一次，因为路途遥远时间紧迫，他不得不乘飞机。飞机票已经买好，次日早晨出发。宋先生心中忐忑，有一种不祥的预感，他认为自己的预感一向很灵，甚至于怀疑自己有特异功能。他预感到这次出门凶多吉少，回来的可能性不大。

夜晚，宋先生躺在床上，枕着双手，望着天花板，开始回顾他的人生历程，突然，他甜蜜地笑了。老婆问："无缘无故傻笑什么？"宋先生说："还记得我们谈恋爱的情景吗？"老婆问："谈恋爱的情景多着呢！你说的是那件事？"宋先生说："就是我向你求爱的那次。啪！你给了我一个大耳光。我羞愧难当，正要逃跑，你又像老鹰捉小鸡一样把我给捉回来了，答应我了。既然答应嫁给我，为什么还要打我耳光？到现在都没想明白。"老婆说："觉得嫁给你吃亏了！"宋先生脸上露出得意的神情：既然老婆嫁吃亏了，说明自己讨便宜了。"记得第二次打我耳光的情景吗？"老婆说："打你耳光多了，哪里记得住？"宋先生说："就是我第一次对你动手动脚的那次。"老婆说："记得。"宋先生问："记得第三次打我耳光的情景吗？"老婆说："哎！你今天是什么毛病？尽谈打耳光的事，想报复吗？！"宋先生忙说："不不！打是疼骂是爱，你打死我我也爱你！"——人之将死，其言也善。老婆听了很受感动，说："其实……我也爱你。"

宋先生握住老婆的手，两个人共同回顾他们那激情燃烧的岁月。最后，老婆终于吃不消了，睡着了。宋先生睡不着，这次出门回来的可能性不大，要是不留下个只言片语，那是对家庭的不负责任，他悄悄爬起来，溜进书房写遗书。他写了一夜遗书，第二天早晨，那里吃得下饭，临出门前，他深情地拥抱了老婆，拥抱完老婆拥抱儿子，接着又拥抱老婆，然后再拥抱儿子，拥抱了一遍又一遍，又又一遍。老婆终于吃不消了，啪！一个耳光，骂道："去你妈的，太夸张了！"

宋先生拖着旅行箱进入候机大厅，在大厅里徘徊，他觉得有个凤愿没了结。突然，他眼前一亮，他看到有一个窗口在卖航空保险。他走到小窗口前，问卖航空保险的女生："买一份保险多少钱？"答："20元。"问："万一飞机掉下来赔偿金是多少？"答："40万。"问："以买两份吗？"答："可以。"问："最多可以买多少份？"答："五份。"宋先生合计道："五份100元，飞机一出事就是200万！没想到死还是赚大钱的一条门路！"女生笑说："你这位先生真幽默！"宋先生说："幽默？都什么时候了，还有心思幽默！"

宋先生的坐位靠舷窗，登机后，他从窗口向外看，他看到了一只小鸟从窗前飞过，他突然想到了"鸟弹"。稍有点航空知识的人都知道，高速飞翔的飞机，与一只飞翔的小鸟相撞，相对运动形成的强大的撞击力，会造成机毁人亡的重大事故，这只鸟就成了"鸟弹"。他想，即便排除鸟弹，不能排除恐怖分子，即使能排除恐怖分子，不能排除机械故障，这个世界上百分之百保险的事不存在……

飞机起飞了，宋先生闭上眼睛，一副听天由命的样子。当飞机进入平飞状态，他睁开眼界，看了看其他的乘客，一个个都像蒙在鼓里的样子。

突然，飞机抖动起来，好像散了架一样。他浑身都麻木了：我的预感一向很灵，果然应验了！他感到悲哀无助，欲哭无泪。略感欣慰的是：死得并不孤单，飞机上有一百多个垫背的倒霉蛋！他紧闭双眼，大脑的屏幕上，飞机中弹似的呼啸着从天空俯冲向地面，尾部拖着长长的黑烟，爆炸、起火，刚死就烧成了灰，火葬场都不用进。

老婆会哭，老婆的哭声，听起来像笑声。终于，宋先生想到了那200万，一个子都不能少！他想到老婆是个财迷，见到大面值钞票脸上不由自主就会绽开笑容，笑容可掬，老婆用手指头蘸着口水全心全意数钞票的样子显得有些笨拙，但很是可爱。老婆数大钞票的时候眼里会发出绿光，数二百万的时候，眼睛里能发出激光……最后，他想到了一个严重的问题：死后老婆会改嫁吗？……老婆体壮如牛，不改嫁是不可能的。当想到自己的老婆成了别人的老婆的时候，他愤怒了：潘金莲和西门庆！这时，飞机上响起一个女播音员的声音："女士们，先生们，飞机受气流影响有些颠簸，请各位旅客把安全带系好，不要来回走动……谢谢配合。"原来是受气流影响！幸亏心脏好，要是有心脏病，后果不堪设想！

飞机平稳地降落在机场。宋先生的整个内衣都被汗水湿透了。他走出飞机舱门时，略微停顿了一下，看了看天地，有种恍如隔世的感觉。他第一时间打开手机，给老婆打电话："老婆，我从飞机上下来了！"打罢电话，他又感到茫然：我的预感一向很灵，这次怎么不灵了？他开始思考……渐渐，他额头上渗出虚汗，脸色焦黄，他想到：讲完课还要回去，回去还要坐飞机！小老鼠钻竹筒——不是死在上一节，就是死在下一节！

我们乘飞机，或许没这么多的忧虑。但是，我们是否在为前途的事在忧虑？为美女、帅哥的事在忧虑？为婚姻问题在忧虑？为房子、车子忧虑？为父母、为儿女的事在忧虑？就像飞机从天上掉下来的概率很小一样，人们所忧虑的事情，绝大多数都不会发生，我们许多人的烦恼都是"自找的"。

或许有人会说，就算百分之八十不会发生，还有百分之二十的事情会发生。即便如此，我们也不应该把未来的烦恼"预支出来"，败坏我们人生当下的胃口。

4. 想得开

何谓想得开？佛教上有个概念叫"无常"，所谓"无常"就是没有永恒的存在。生理上的生老病死，人是这个世界上的匆匆过客，——不是归人；心理上的生成异灭——无论是快乐和烦恼，任何情绪都有一个形成、持续、变化、消失的过程；物理上的成败坏空——万事万物都有一个产生发展和灭亡的过程。看破无常叫想得开。

换一个想法。

中国著名画家俞仲林擅长画牡丹，他的朋友王先生向他求一幅牡丹图悬于客厅。王先生的朋友见画直摇头："画虽好，但是不吉利：牡丹代表富贵，画上有一朵牡丹没画全，岂不是富贵不全了？"王先生以为有理，看见牡丹图就郁闷。一日，他摘下牡丹图去找俞仲林，请他重画一幅。俞仲林说："牡丹代表富贵，一朵牡丹没画全寓意是'富贵无边'，你若是喜欢'富贵有边'，我就给你重画一幅。"王先生忙说："不用不用！我这幅画最好！"回家后依旧把牡丹图悬挂于客厅，每当看到这幅牡丹图，就感觉特别爽。

一般人认为，要得到幸福快乐，必须拥有什么、改变什么，譬如拥有美女帅哥车子房子金钱权力等，也就是外部发生改变。这里，外部（画）没有改变，改变的是内心的看法，看法改变了，心情也随之改变。重塑人生观的价值与意义正在于此。所谓"求诸外不如求诸内"，——要获得幸福与快乐，向外（对物质的）追求，不如向内（精神的）追求。欲壑难填，外在的永远无法满足人的欲望；心灵的满足靠的是精神。当然，我们不能从一个极端跳到另一个极端，幸福人生需要"内外双修"，既注重物质也注重精神，如何达成这一微妙的平衡？唯有学习和思考。读书从《新文化生态》开始。

现代人幸福指数不高，不是因为物质贫乏，而是因为精神贫乏。现代大多数中国人的享受——尤其是"精神文明"上的享受，比中世纪的帝王还要好。中世纪皇帝没看过电影电视机，没玩过电脑游戏，没坐过轿车更没乘过飞机，连空调都没享受过。我们看到影视剧中的皇帝，热的时候，靠的是美女"打扇"，——就是用扇子扇。无论怎么扇也比不上空调凉快。——一次在上海交通大学 EMBA 班讲课，讲到这里，有位企业家提出异议："我觉得美女用扇子扇比空调凉爽"；另一位企业家说："越扇越热"。这从反面证明，人的享受不完全取决于生活的本身，而在于对生活的感觉、看法。现代人生活品质比中世纪的皇帝丰富多彩，但幸福感能比中世纪的皇帝高吗？为什么这样？从大的方面说是人类的文明出现了问题，就个体而言，是人生观出现了问题，重塑人生观的意义不言而喻。

祸福辩证法。

司马迁在《太史公自序》中说："昔西伯拘羑里，演《周易》；孔子厄陈、蔡，作《春秋》；屈原放逐，著《离骚》；左丘失明，厥有《国语》；孙子膑脚，而论兵法；不韦迁蜀，世传《吕览》；韩非囚秦，《说难》《孤愤》；《诗》三百篇大抵贤圣发愤之所为作也。"司马迁本人也是受宫刑之后著《史记》。司马迁之后，这种状况依旧没有改变。季羡林总结汉以后所有的文学大家，都是在倒霉之后，才写出来震古烁金的杰作。像韩愈、苏轼、李清照、李后主等，莫不皆然。从来没有过状元宰相成为大文学家的。从历史到现在，中国知识分子有一个"特色"，这在西方国家是找不到的。中国历代的诗人、文学家，不倒霉则走不了运。了解这一史实有什么意义呢？它能够让我们头脑清醒，理解祸福的辩证法：走运时，要想到倒霉，不要得意忘形；倒霉时，要想到走运，不必垂头丧气。心态始终保持平衡，情绪始终保持稳定，此是长寿之道。

进一步思考，为了造就如司马迁一样的大文学家，非要倒霉吗？

噩梦醒来。

N多年前的一个深夜，我走在大街上，有一个黑衣人拿石头砸我，我头一偏，石头落地。我拣起地上的石头向他砸去，失手把他砸死了。接着我开始逃跑，一辆警车在后面追，我被抓住了，警察的枪口对准了我，我感到绝望，欲哭无泪，我想起了孩子、妻子、家人……我请求："让我回家看看……"警察扣动板机，枪响了……我从噩梦中醒来，躺在异乡宾馆的床上，心嗵嗵直跳，泪流满面，我深感侥幸，谢天谢地！我像重获新生，心里久久不能平静，开亮灯，穿上衣服出了宾馆，走在马路上。夜很静，空气清新，湛蓝的夜空，晶亮的星星，橘黄色的路灯，路旁生机盎然的冬青，居民楼上的窗口或明或暗，每一扇窗口都是那么温馨。那天晚上，我特别特别想家，想回家！

没有比较，就看不到落差；没有经历过生活的磨难，就不知道平凡生活的美好；难道我们非要经受磨难、遭遇不幸才能懂得平凡生活的美好吗？

只要活着，有什么想不开？契诃夫有一段名言：

假如遇到不走运的事，只要想想：事情原本可能比现在更糟！假如有穷亲戚到家中来找你，不要脸色发白，应该喜气洋洋：幸亏来的是穷亲戚，不是警察和强盗；要是手指头扎了一根刺，应该高兴：幸亏这根刺不是扎在眼睛里；要是你的妻子或小姨子练钢琴，不要不耐烦、发脾气，而要感激你有这份福气：要知道，你是在听音乐，不是在听狼嗥或驴叫；要是你有一颗牙痛，那你应该高兴：幸亏是一颗牙，而不是满口的牙都痛；要是火柴在衣袋里燃了起来，应该高兴：幸亏我的衣袋不是火药库；要是老婆背叛了你，应该欢呼雀跃：幸亏她背叛的是我，而不是我们的国家和民族！

5. 拿得起

一个秀才到集市上买了四筐藕，一筐藕九个铜板。秀才给了小贩共三十六个铜板。小贩说少一个铜板，四筐藕应该是三十七个铜板。为此争吵起来。好在县衙门就在附近，于是两个人进了县衙门。县官问明原因，问小贩："现在你还坚持四筐藕是三十七个铜板吗？"小贩说："坚持！这个秀才硬说是三十六个铜板，真是可恶之极！"县官继而问秀才："现在你还坚持四九三十六吗？"秀才说："坚持！"县官衙役道："拉出去打三十六大板！"打完，问秀才："服不服？"秀才依旧说："不服！"县官说："本老爷岂不知四九三十六？可这个小贩坚持'四九三十七'，说明他是个糊涂、愚蠢的人，而愚蠢不是错！一个秀才和一个愚蠢的人为一个铜板争争吵吵，丢读书人的脸！不打你打谁？！"秀才听罢说："服了！"

争论要看对手，如果发现对手属卖藕小贩一类人物，立马打住，不跟他一般见识，是"拿得起"。或许有人想：不跟糊涂人一般见识，需多给他一个铜板，凭什么？

大灰熊吃东西的时候，狼都不敢熊口夺食，但是有一种小动物——臭鼬，俗名黄鼠狼，却能熊口夺食。按理说大灰熊一掌就可以把它拍昏、拍死，为什么不拍？动物学家百思不得其解，研究来研究去最后终于搞明白了：原来是因为黄鼠狼放的屁太臭。大灰熊要是一掌把它拍昏、拍死，黄鼠狼放出的臭屁，能恶心得狗熊三天吃不下东西。

——难道人还不及黄鼠狼有智慧？有时候不吃小亏就会吃大亏，宁肯吃大亏也不吃小亏，能称得上有智慧？

某电视台播过一条新闻：美国一位家庭主妇，一天正在喂猪，听到有人和她打招呼："哈啰！"她到处看，没发现人。"哈啰！哈啰……"最后，她发现，跟她招呼的是她喂养的猪。

一头猪说了句人话就成了新闻，成了另类，成了怪物，都是聪明惹的祸。假设存在这种一种可能性：猪进化的速度加快，一天相当于一千年，三个月大的猪智商高于人类，智商高达一千，十年内有望统治地球，人和猪的地位发生逆转：猪养人，以人为肉食品，将会发生什么事？——人类会迅速把猪斩草除根。猪因为笨才能生存。笨人比聪明人可爱，对笨人理应多些关照和容忍。多付一个铜板是吃亏，假如比卖藕的小贩还笨，那就是不幸。不跟糊涂人一般见识，是"拿得起"。

倘若对手不是糊涂人，他不讲理，奈何？

《儒林外史》中有个情节，陈和甫的儿子赊屠户的猪头肉吃，没钱还，找老丈人要钱还账。丈人说："你赊猪头肉的钱不还，来问我要，终日里吵闹这事，哪来的晦气！"陈和甫儿子道："假如这猪头肉是你老人家吃的，你要不要还钱？"丈人道："如果是我吃的，自然要还。可猪头肉是你吃的。"陈和甫儿子说："假如这钱我还给你老人家了，你把它用了，如今你应不应该把钱还给我？"丈人道："放屁！你欠别人的钱，怎么是我用你的钱？"陈和甫儿子道："万一猪不生这个头，难道他也来问我要钱？"

不幸遭遇陈和甫的儿子这类人怎么办？跟他讲理会像"丈人"一样惹一肚子气。怎么办？揍他！前提是能揍得过他，这是常见的一种处理方法，但技术含量太低，后患、阴患很大，是下策；如果他没有欠你的猪头肉钱，能避开就避开；如果欠你猪头肉钱数额不大，不妨从大灰熊身上汲取智慧，自认倒楣，谁让你当初赊给他；如果欠你的钱数额巨大，走法律程序；总之不跟他讲理。这是中策。上策是什么？……没有上策。

如果遭遇小人怎么办？换句话说如何跟小人打交道？跟小人过不去，小人会暗算你；跟小人打成一片，自己就成了小人；利用小人必为小人所害。对待小人要像对待鬼神一样，敬鬼神而远之，对糊涂人也可以套用。

所谓拿得起，就是不跟糊涂人一般见识，不跟不讲理的人讲理，不给小人成为对手的机会。任何理论都有其适用范围，夫妻之间的"人间烟火"是磨合，夫妻磨合，要慎用"拿得起"理论，否则"冷战"就开始了。

6. 放得下

守端向禅师方会学习参禅，多年没有开悟。一天方会问守端："你原来的师父是怎么开悟的？"守端说："我原来的师父，是摔了一跤之后开悟的。"方会听后，轻蔑地看一眼守端，鼻孔"哼"一声，拂袖而去。守端傻了：我说错什么了？我原来的师父确确实实是摔了一跤之后开悟的。守端一连五天吃不饭，睡不好觉，第六天，他实在受不了了，找到师父方会。"师父，徒弟到底错在那儿，请师父明示。"方会说："我哼了一声，斜了你一眼，你五六天吃不下饭睡不好觉。一个如此在乎别人的脸色、看法，一辈子都会寝不安席。"守端听后顿悟。

——这是放不下别人的看法。

人际交往中，我们理应顾及他人的感受，但是，你的人生处境，成败穷达，不用太在乎别人的看法，否则天天寝食不安。

人生有许多放不下。

林先生，苏北人，到上海打拼，有了车子房子，成为当下所谓的成功人氏。买的第一辆轿车是POLO，第二辆轿车是宝马。买宝马的第一周，决定开车回故乡看望父老乡亲。轿后备厢里带一箱好酒，一条软中华，他准备请昔日的同学，亲朋好友喝一顿，找找衣锦还乡荣归故里的感觉，接受父老乡亲们的祝贺。——那是"2008 年的第一场雪"之后的冬天。宝马车驶近村头，村头路旁几个村民倚在墙跟晒太阳。宝马车缓缓地停下，停在晒太阳的乡亲们的面前，贴着黑膜的车窗缓缓降下，他面带微笑。因为他戴着黑色的墨镜，没人认出来。他打开车门下车，西装革履，大奔发型，他摘下墨镜。众人笑了。"我操！"他的一个姓周的小学同学感叹："人模狗样的！不知底细的人，还以为是什么大人物。"林先生拿出软中华给姓周的同学递烟。姓周的同学抱着胳膊说："递烟不要一支一支递，一人一支我也递得起，要递得一人一条烟。"林先生以为他在开玩笑，但无论递给谁，都无人接烟，大家像看小丑一样看着他。林先生感到很尴尬，回到车上，车门刚关，玻璃窗尚未升起，就听到姓周的同学，迫不及待地说："这狗日的，不知怎么发的财！"林先生感到心都冷了，到掉转车头，绝尘而去，心中暗暗发誓，这一辈子不回老家了！

我在党政干部培训课堂讲到这件事，广东省某市财政局局长忍俊不禁，课后对我说，"老师，我的一次遭遇，与你讲的故事如出一辙。我新任局长后，开车回到家乡的小山村，想找找感觉。我下车给乡党们递烟，没人不接，但当我回到车上，车窗还没升起来的时候，就听到一个人说了这么一句话：贪官回来喽！我这辈子也不会再回老家了。"

俗话说"富贵不还乡，好比是锦衣夜行"，那是什么时代？儒家文化浸润千年的中华民族，善良、纯朴、深沉、博大，在漫长的封建社会，乡里有人出息了，大家都感到荣耀，好像他是家庭的一员。现在的父老乡亲不是过去的父老乡亲，红眼病流行，仇富仇官现象严重。无庸讳言，我们的父老乡亲变俗了，躬身自问：自己俗吗？为什么会这样？怎么办？这是另一个课题。

每个人都有许多放不下，《儒林外史》中有个艺术形象严监生，我认为他是一个古今中外空前绝后放不下的人。

晚间，挤了一屋的人，桌上点着一盏灯。严监生喉咙里的痰一进一出，一声不倒一声的，还把手从被单里拿出来，伸着两个指头。大侄子走上前问道："二叔，你莫不是还有两个亲人不曾见面？"他就把头摇了两三摇。二侄子走上前来，问道："二叔，莫不是有两笔银子在哪里，不曾分付明白？"他把两眼睁得的溜圆，把头又狠狠地摇了几摇，越发指得紧了。奶妈抱着哥子，插口道："老爷想是因两位舅爷不在跟前，故此记念？"他听了这话把眼睛闭上摇头，那手只是指着不动。赵氏慌忙揩揩眼泪走近上前，道："爷，别人都说一些不相干的事，只有我晓得你的意思！你是为那盏灯里点的两茎灯草不放心，恐费了油。我如今挑掉一茎就是了。"说罢忙走去挑掉一茎。众人看严监生时，点一点头，把手垂下，登时就没了气。

眼看就要死了，为两茎灯草这样的事还操什么心？死亡是件沉重的事是，严监生伸出的两个手指，使本来死亡的沉重带上了滑稽的喜剧色彩。

假如严监生伸出的两个手指头，像他的两个侄儿猜测的那样，是两个人放心不下或两笔银子不曾交待清楚，我们也许觉得没有什么可笑之处。可是，对于一个行将就木的人来说，两茎灯草费油之类的小事固然不值得操心，两个人、两笔金钱就值得操心吗？可这两者之间到底有多少本质上的区别呢？充其量是五十步笑百步。也许有人说，临死的时候为人与事操心可笑，而我们来日方长！其实也长不到那里去——即便是一百年如何？一百年，在时间的长河中也只是一朵转瞬即逝的浪花，我们每天都"伸着两个指头"生活，难道就不带有滑稽的喜剧色彩吗？

由此看来，从严监生到他周围的人，从他周围的人到我们，大多数都是些"放不下"的人。当我们一旦达到这样的认识层面，喜剧又变为悲剧：我们嘲笑严监生，变成了严监生对我们的嘲笑。我仿佛看见棺材里的严监生坐了起来，一脸笑容，他那两个指头又竖起来。假如严监生问我们："嘲笑我为两茎灯草操心，你们哪一个不在为银联卡上的几个阿拉伯数字操心？！"该如何回答？

可是，如果大家都想通了、"放下了"，人生还有什么乐趣？那样的人生会是什么样子？女的都去当尼姑，男的都去当和尚，然后对着山头唱山歌？当然不是。"放下"的人生境界，像一名表演艺术大师，明知是一场戏，无论扮演的是王侯将相，还是贩夫走卒，都全身心地投入，满怀激情地扮演好自己的角色，并享受表演的过程。事实上，人生就是一个大舞台，做一名生活的艺术家，像艺术家一样生活，人生就会充满乐趣！

第五章　把心灵当田种

《武王伐纣平话》中有一段对纣王与妲己行刑场面的描写，对纣王的行刑进行得很顺利。在周武王历数纣王的十大罪状以后，"一声响亮，于大白旗下，殷交一斧斩了纣王"。但是，对妲己的行刑就不那么顺利了，因为妲己的美色使刽子手难以下手。二声鼓响，大白旗下，刽子手待斩妲己，妲己回首戏刽子，用千娇百媚的妖眼戏之。当嘟一声，刽子两手一软，大刀落地。太公大怒，令斩刽子手，换一个刽子手去斩，妲己又回首戏之，刽子手见妲己千娇百媚，不忍斩之，坠刀于地。太公大怒，又斩刽子手。殷交启奏武王："小臣乞斩妲己。"武王道："依卿所奏。"殷交用白练子蒙眼，不见妖容，一刀斩了妲己。

两个刽子手都无法抵挡妲己的美色诱惑，手中的屠刀落地。妲己是罪人，刽子手不忍下手，表明他的道德意识在美色面前崩溃；第二个刽子手预先知道行刑失败的后果，但他终于还是"坠刀于地"，表明他的求生本能在与美色的PK中不堪一击；第三次上场斩妲己的是刚刚斩了纣王的殷交，按理说，他是斩妲己最理想的人选，因为他与妲己有杀母之仇，但就是这么一个充满复仇欲望的人，对抵挡妲己美色诱惑的信心依然不足，行刑之前蒙上眼睛，这让我们看到，人的复仇意识在与美色的博弈中处于下风。

比起道德意识、理智、复仇欲望甚至于求生本能，性爱意识、食欲是人性中更为原始、更为有力的东西。孔子曾感叹："吾未见好德如好色者也。"从中我们不难发现，人最难管理的是自己，而自我管理又是管理的基础。儒家经典《大学》是"人生建筑工程的图纸"，其中格物、致知、诚意、正心、修身、齐家、治国、平天下，是人生修炼的顺序，自己没有修炼好，而把家庭、国家、天下管理好的，上至天子下到老百姓，从来就没有发生过。

"把心灵当田种"是经营（管理）人生的哲学，它既是人生观，也是方法论。

王国维《人间词话》用三句诗词来表达古今成大事业大学问者必须经过三种境界，仿其表达形式，我用三句诗形象表达经营人生的三个阶段。

一、长风破浪会有时，直挂云帆济沧海。

二、衣带渐宽终不悔，为伊消得人憔悴。

三、公道世间唯白发，贵人头上不曾饶。

经营人生与农民经营土地有可比之处：

农民种地，首先要有规划，要确定在土地上种植什么；其次要辛勤耕耘，播种、浇水、施肥等农事，需要勤劳；种瓜得瓜，种豆得豆，天道酬勤。

经营人生与经营土地有相似之处：首先要进行生涯规划，和农民在土地上种植什么相似；实现目标的过程如同农民辛勤耕耘，人生的成败好比土地收成。白马寺上有一副对子：心有良田，耕之有余。

一、长风破浪会有时，直挂云帆济沧海

"长风破浪会有时，直挂云帆济沧海"出自李白《行路难》，意为尽管前途有重重艰难险阻，但总会有高挂云帆乘风破浪到达理想彼岸的那一天。引申为相信总会有实现理想抱负的那一天。我借用这句诗的意象代指生涯规划。

一个叫约翰·戈达德的人，15 岁时把一生要做的事情列了一份清单，称之为"生命清单"。他给自己制定了 127 个具体目标。44 年后，他通过努力实现了 106 个目标。这种做法是否具有"推而广之"的标杆意义？首先，要清楚他这 127 个目标是什么，是否有达到的能力，有无实现的可能；其次，以什么样的心态追求目标；再次，实现目标的目的是什么。目标服务于目的，假设戈达德的目的是追求快乐，那么他的兴趣会不会随着时间的推移发生转移？兴趣一旦转移，那么 15 岁时设立的目标就失去了意义。目标不能给人生带来快乐，还追求它干什么？对这些问题的回答，就是职业生涯规划。"生命清单"不是生涯规划。

什么是职业生涯规划？职业是为了生存、发展、实现自身价值所从事的工作。职业生涯是指一个人终生或人生某一阶段所从事的工作，它是个人（或组织）把自身的发展与组织发展相结合，对影响人生发展的个人因素、组织因素和社会因素等进行系统分析，制定人生事业的发展战略与行动计划。生涯规划由一组目标组成，是一种有序的、系统的人生策划，是人生的蓝图、追求的方向、行动的依据和指南。

有学者以年龄为标尺把职业发展分为四个阶段：一、探索阶段：在30 岁之前；二、立业与发展阶段：30—50 岁；三、维持阶段：50——65 岁；

四、衰退阶段：65 岁以后。这种分法只是一家之言，不是绝对的。以笔者为例，我大约在 40 岁才基本完成探索阶段，之所以说是"基本完成"，是因为现在还在探索更合适自己的定位；立业与发展阶段在 40 岁之后，具体到多少岁现在说不准，预计到 65 岁；65——80 岁是维持阶段；80 岁以后是衰退阶段。当然，也可能没有衰退阶段，因为刚到 80 岁就永垂青史了。我心态好，遗传基因也好，我爷爷 98 岁仙逝。

职业生涯规划主要是指职业生涯发展的第一个阶段——探索阶段。生涯规划至少应从个性取向，能力取向，机会取向这三个取向度进行系统思考。亦即你想干什么？你能干什么？你可以干什么？

1. 你想干什么？

人的个性倾向性包括需求、动机、兴趣、理想、信念、价值观等。认识个性取向的目的在于回答：你想干什么？

在制定职业生涯规划之前，首先要了解自己的需求。动机是在需求的基础上产生的，是需求的表现形式，是发动和维持实现需求活动的机能。兴趣是个体探索某种事物的认识倾向，是潜能的挖掘器，是成就事业的动力。理想是向往并愿为之奋斗的目标。信念是坚信某种观点的正确性，并支配自己行动的个性倾向，是执着的信心和决心。价值观是信念的体系。个性倾向性是职业生涯规划要考量的要素之一。道家讲"率性而行"，也就是按照天命决定的个性倾向性去行事。做喜欢做的事，即使夜以继日，风里浪里，却也乐在其中。

《莫愁》杂志上有一篇署名田瑞江的文章，概述如下。

陈世华，生于四川广安县一个偏僻的乡村，因家境贫寒辍学，13 岁时跟随舅舅到重庆打工。在北桥头农贸市场的一家烧饼店卖烧饼。

晚间无聊，陈世华与店里的几个伙计猜拳取乐，赢者刮输者的鼻子。

初时，陈世华"划技"不佳，只有被刮的份，他萌生了一个念头：划拳只赢不输，每天刮别人鼻子，那是多么快乐的生活啊！为了实现这一目标，每天卖烧饼时，他都要找人切磋技艺，划技日精日进，积久成习、成瘾、成趣、成痴。

一日，陈世华突发奇想：用划拳方式促销烧饼。他敢想敢干大胆尝试，长街叫卖："划拳哟，划赢了免费吃烧饼，划输了花钱买烧饼。"为此，北桥头一带，喜欢吃烧饼的人迅速多起来。买烧饼的人都要与他划几拳，能赢陈世华的毕竟是极少数，划拳成了陈世华促销烧饼的一种行之有效的手段。生意合乎规律地越来越红火。后来，陈世华由卖烧饼改卖卤菜——鸡翅、鸭腿、鹅掌等。

每当夜幕降临，重庆的大街小巷的大排档随处可见男女老少痛饮啤酒的场面。陈世华知道解放碑、五一路、菜园坝、火车站一带夜市生意火爆。他每天傍晚都背着卤菜来到这些地方与人划拳。为了增加酒兴，他划拳吆喝的内容与方式与时俱进花样翻新。无论酒店、夜市，陈世华无论走到哪里，老板都是笑脸相迎，因为他到哪里，哪里就热闹起来，不仅自己赚钱，也为老板招来许多顾客。生意好时，陈世华一天可以挣到五百多元。陈世华名气渐渐地大起来，惊动了一位来自四川垫江的佳人——皮兴珍。皮兴珍出身划拳世家，划技得祖上真传，听说重庆有个叫陈世华称霸拳坛，决定会会他。某年月日，皮兴珍与陈世华在重庆"顺风酒家"邂逅相遇，当即向他挑战，大战一百个回合，皮兴珍大获全胜。陈世华方知人外有人天外有天。此后，陈世华三天两头找皮兴珍切磋划技，从酒楼切磋到夜市，从夜市切磋到花前月下，从花前月下切磋到洞房。由于趣味相投，所以很少发生矛盾。偶然发生争执，以划拳方式解决。比如早饭谁都不想做，怎么办？划拳！在被窝里划"盲拳"——把手指头戳到对方的肚皮上，划输的从被窝里拱出来做饭。

　　陈世华说，二十一世纪初，他已和30万人交过手。一些餐饮老板，发现了他身上的潜在商机，纷纷聘请他出任酒店的顾问。重庆"弥敦道酒廊"精心策划并举办历时15天的"大中华首届划拳拳王争霸赛"，陈世华出任擂主。来自全国各地的"拳坛"高手云集重庆，大战陈世华，结果都是大败而归。陈世华获得了"拳王"称号。此后，重庆啤酒厂、重庆曼哈顿大酒店等，多次举办拳王争霸赛，陈世华以超群的实力，不败的战绩捍卫了拳坛的霸主地位。陈世华自信地说，他是当今世界专职拳师第一人。他打算申报吉尼斯纪录，计划出版一本《划拳秘笈》。陈世华靠多年划拳赚的钱，在重庆渝中区买了套三室一厅的房子。其实，最重要的不仅仅是这个结果，对陈世华而言，划拳卖卤菜的过程充满乐趣，他从中体会到了征服的快感。划拳给他带来的快乐胜过百万财富。他工作的过程，也是享受人生的过程。

　　选择职业，要充分考虑自己的兴趣，但兴趣并不是选择职业唯一的依据，择业还受能力与机会的制约。只考虑兴趣等个性取向不计其余，是生涯规划的一大误区。

　　南朝最后一位皇帝陈后主，是一位音乐家，他创作的《玉树》《后庭花》在当时是广为流传的歌曲，唐诗"商女不知亡国恨，隔江犹唱《后庭花》"，《后庭花》成了亡国之音的代名词。

　　五代时期南唐李后主李煜，工词、善律、精于书画，在中国文学史上都有一席之地，但他对治理国家不感兴趣，不善政事，后为北宋所灭。李煜被押赴汴京，离开都城时又写了一首好词："最是仓皇辞庙日，教妨犹奏别离歌，挥泪对宫娥。"

　　北宋宋徽宗是个天才的画家，他创作的《听琴图》有很深的艺术造诣，开创了宫廷画派的先河，但不是一个称职的皇帝。

　　做皇帝的把身心投入艺术，无心过问政治，亦是"不务正业"，成为昏君、庸君、亡国之君是情理之中的事。如果我们一时无法改变"职业"，就只能培养对该职业的兴趣。兴趣是可以培养的，譬如陈世华划拳，譬如打麻将。比起个性倾向，我们更应该知道自己的责任与使命，沉溺于兴趣，叫不务正业或玩物丧志。

2. 你能干什么？

你能干什么？取决于智商、天赋、情商、知识技能。智商、天赋与生俱来高低不同，后天的教育和自身的勤奋无法改变智商、天赋。教育只能使天赋的才能充分发展，而不能在天赋的才能之外获得成功。冯友兰有个比喻："园艺家种植种子，只能使所种的种子发芽、生长、开花、结果，种瓜得瓜，种豆得豆，种子决定结果。"天赋好比种子。

科学家爱迪生说："天才是百分之一的灵感，加百分之九十九的汗水。"上小学的时候，老师经常用这句鼓励我们。老师的解释是：天才是百分之一的聪明加百分之九十九的勤奋。直觉告诉我，这句话是错的。我从小学到初中，随便考考各门功课都是第一名；上初中时，数学老师有数学难题向我请教；中考全县第一名，名符其实的"学霸"。想到那些"学渣"同学，白天黑夜苦读跟做大事业一样，一听说要考试就像末日到了，考完试就跟判过刑一样，感觉太爽了。我喜欢考试！我曾向女儿炫耀这段经历，女儿听后向我翻白眼：牛皮吹大了！

后来，我发现爱迪生这句广为传播的名言是以讹传讹，是"大众谬误"——证明了我儿时的直觉是正确的。爱迪生的原话是："我没有一项发明是碰巧得来的。当看到一个值得投入精力、物力的社会需求有待满足后，我一次又一次地做实验，直到它化为现实。这最终得归于百分之一的灵感和百分之九十九的汗水。"爱迪生没提到"天才"这两个字，他强调"汗水"（勤奋）在"他的"创造发明中所占有的分量之大，这"百分之一的灵感"是爱迪生的灵感。换一句话说，他的话被断章取义了，意思被篡改了，有必要正本清源以正视听。诚然，勤能补拙，在很多情况下的确如此，譬如简单的体力劳动，假如从事的是创造发明、文学创作等"复杂劳动"，这百分之一的灵感——天赋、智商绝具有决定性的作用。

选择喜欢的职业，要对自己能力——既包括先天的天赋、智商，也包括后天习得的知识技能综合人文素养有个正确的评估。倘缺乏与选择职业相匹配的必要的能力，明知不可为而为之，必然以失望而告终。

舟舟是智商只有 39 的低能儿，他父母把这个问题认识得很清楚，发现他只有在音乐方面还有点感觉，于是因势利导，成就了舟舟，使他成为"指挥家"。43 个国家元首请舟舟吃过饭，他算是个具有"国际影响"的人。

科学家杨振宁从实验物理研究到理论物理研究的转变，也是一个自我认识与调整职业生涯的过程。

认识自我对生涯规划而言意义重大，但要清醒、客观地认识自我并不容易。

笛卡尔是法国哲学家、数学家兼物理学家，就是这样的一个人却经常感叹自己无知。有人曾问他为什么，笛卡尔在地上划一个圆圈说："圆圈内是已经掌握的知识，圆圈外是未知世界。知识越多，圆圈越大，圆周边沿与外界空白的接触面也就会越大，无知部分就显得越多。"反过来说，越是无知，越不知自己无知。要正确地认识自己，就要不断地学习丰富自己的知识，提升认识能力。

在考虑自身能力的前提下，我提出了三条择业箴言：假如有条件，就选择你喜欢的工作；假如条件有限，能凑合就凑合；如果条件较差，有份工作就行。

3. 可以干什么？

可以干什么？取决于环境因素，亦即家庭环境、社会经济环境、政治环境、组织环境、法律环境等。选择职业要考虑法律是否许可？从事这个职业是否有发展的空间？是朝阳行业还是夕阳行业？在这一行业里打搏成功概率有多大？环境因素对人的发展方向和发展空间的影响巨大。

青岛科技大学的学生李某痴迷诗歌，无论上什么课李某都写诗，所学功课考试都必须经过补考这一环节才能通过。一次我到青岛科技大学演讲，李某听说我是作家，便把他的诗集打印出来给我看。看了几首，感觉他若继续痴迷下去，待以时日，有成为诗人的可能性。李某说成为大诗人是他的人生理想。我说，这几十年中国没诞生过一个大诗人，死的大诗人倒不少。目前如果以写诗为生，假如没有父母或其他人支持，想活着就得乞讨。热爱它，可作为业余爱好。

写小说写散文……凡以"写"为业的情形与写诗都差不多。莫言写小说写出了名堂——获诺贝尔文学奖，但全中国就这么一个，获奖概率比买彩票中大奖还低。选择以写作为职业给人的感觉跟出家差不多。人文社科因为没有受到应有的重视，这一行业可用李清照的词句来形容"凄凄惨惨戚戚"。原有的作家队伍分化瓦解，有的在仕途上求发展，有的经商，有的老糊涂了，有的一死了之，"活动的"几个就像秋后蚂蚱。目前中国每年生产出成千上万部电影电视剧，有品位的凤毛麟角，原因在于没有好的影视剧本，根本原因在于文学创造队伍人才贫乏。庞大市场需求本该催生文学创作的繁荣，但由于文学创作缺乏必要的支持和制度保障，行业垄断与诸多的潜规则更是雪上添霜，文学创作"投入与产出"价格倒挂甚至于是负数——譬如自己花钱出书的很普遍，"应有的"繁荣没有出现。呜呼哀哉！

如果热爱和感兴趣的工作无法满足生存需求，那怕它像写诗一样高雅，也不能把它作为当下的职业选项，毕竟生存是第一位的，活下来才有"感兴趣"、谈理想的资本。

可以干什么？除了受环境因素影响外，还有机遇问题。

什么是机遇？机遇是内在的能力与社会需求的契合，及其实现这种契合的能力。机遇是动态的，并具有很强的时效性。

"折戟沉沙铁未销，自将磨洗认前朝。东风不与周郎便，铜雀春深锁二乔。"——杜牧《赤壁》后两句诗的意思是：倘若东风不给周瑜方便，赤壁之战可能是曹操取胜，美女大乔、小乔就被关进铜雀台了。"东风"是机遇，机遇有时候对人生的是非成败起关键性的作用。识别、抓住机遇是成就事业的重要组成部分。

汉代大思想家王充在《论衡》中讲过一个寓言：

一个两鬓如霜的周朝人，在路边仰天长叹，长歌当哭。路人问为什么哭，周人回答："我文武双全，可是一生不得志，故而伤感落泪。"路人问其缘故，周人回答："我年轻时学文，学有所成去求官，但君王喜欢重用年老的文人。这位君王去世后，新君王重用习武之人，我开始学武，武艺刚学好，好武的君王又去世了，少主继位后，又喜欢任用年轻人，而我已经老了。"

这则寓言讲的是机遇问题。这个周朝人不太走运，看似偶然事件，但仔细分析，我们可以发现王充对人生机遇的一种洞见。

所谓机遇，是个人内在能力与社会要求的吻合，个人具有某种能力而社会又需要这些能力，那就有了潜在的机会。但最终能否抓住机会还难说，倘若拥有某种能力的人很多，供过于求，而别人又具备你不具有的其他条件，你也只好望洋兴叹，你需要做的事就是情绪管理。

"生不逢时"的原因在于：具有某种能力，社会没有相应的需求；有某种社会需求，但没有这样的能力。因此，我们必须有意识地按照社会要求来培养提升自己的能力，提升能力需要一个过程，社会需求同个人培养并形成相应能力之间有一个时间差，在这个过程中，社会需求本身会不会发生变化？如果缺乏一定的前瞻性，就会像那个周朝人一样蹉跎岁月。

把握机遇需要"提前量"。"提前量"好比射雁，雁在空中飞翔，射雁需要提前量，往飞雁的前方射，这个提前量的把握要恰到好处，雁到箭到，射个正着。

但是，即便我们的能力与社会需求的同步，但最终能否抓住机会实现自身价值还难说，因为任何一种社会需求都不是无限的，如果缺乏自我推销能力、反应速度慢，我们的能力就会成为供过于求的那部分，这和产品与市场的关系颇为相似。同样的能力和反应速度，结果也不一样，倘若别人有"关系"而你没有，你同样会成为"多余的"那部分，你徒唤奈何欲哭无泪。

职业生涯规划，人生目标的选择，要对想干什么、能干什么、可以干什么这三个方面进行系统的思考后，权衡利弊得失，理清轻重缓急，慎重做出决定。在很多情况下，无法"一步到位"，譬如一时难以找到与生涯规划相匹配的职业，可以暂时先找一份工作，作为过渡阶段。过渡阶段的长短，大体而言，短比长好。

二、衣带渐宽终不悔，为伊消得人憔悴

"衣带渐宽终不悔，为伊消得人憔悴"出自柳永《蝶恋花》，这句诗描绘了热恋中人的相思之苦，情有独钟，痴心不改，虽然人越来越憔悴，但心甘情愿无怨无悔，这里引申为对事业的追求、积极进取、百折不挠、持之以恒等"积极心态"。

何谓心态？我有个经典的比喻——加上"经典"这个形容词，是为了引起读者足够的重视。心态好比土地，土地有肥沃也有贫瘠，同样的种子播种在不同的土地上，有的结出沉甸甸的果实，有的是秕谷。人的心态与人生成败的关系，与土地与收成的关系极为相似，积极心态如同肥沃的土地。

1. 好学近乎知也

人非生而知之，人的知识智慧技能是学习得来的，人的天赋好比是矿藏需要开发，学习好比开发矿藏，学习好比给土地施肥。学什么？如何学？——听起来是不是有点小儿科？非也！

庄子说："人之生也有涯，而学也无涯，以有涯随无涯，殆哉！"——人的生命是有限的，而知识浩如烟海，用有限的生命追求无限的知识，假如没有选择，那就完了。对特定的个体而言，许多知识是"无用的"，所以学习什么需要有所选择。人文素养人生哲学与艺术是人之为人的必修课，学什么知识技能从属于职业生涯规划所选定的职业。

《韩非子》中有一故事《赵襄子学御》：

赵襄子向王于期学习驾御马车，没学多长时间要和王于期比赛。换了三次马三次落后。赵襄子说："你没有把技术全部教给我。"王于期说："技术全教给你了，使用出了错。驾御马车应该重视的是马与车统一，驾车人的精力要集中在驾车上。这样才能跑得快跑得远。今天，你落在后面时想追上我，在我前面时怕被我追上。驾车比赛，不是先就是后，你无论先后心里想的都是我，不是如何驾车，怎么能驾好车？这就是你落后的原因。"

讲学是我人生的重要组成部分。在近二十年的"继续教育"实践中，我学会了"相面之术"。以此术观人可知人未来，屡试不爽，无比灵验。在课堂上，级别越高越用心听课；凡不用心听课的人，级别档次都不高。

验证了孔子所谓"好学近乎知也"。人的知识智慧来自学习，不用心学习的人不是有知识智慧的人。——现在的大学、研究生学历可以证明其不是白痴，但不能说明其有智慧。做事用不用心，是一种习惯。学习不用心的人工作同样不用心，设想一个学习不用心因而缺乏知识智慧的人，工作又不用心，何以把工作做好？凭什么有一个美好的未来？纵然出身是富二代、官二代、星二代，最后终不能成大器。可以说，看一个人做事是否用心，就可以预知其未来。说一个故事——

余彭年26岁从老家湖南到香港。由于人地生疏，英文水平有限，又没有靠山，几经周折，才在一家公司找到一份勤杂工的工作。每天的"功课"就是扫地、清洗厕所。余彭年发现公司周六、周日时常会有人加班，但没人打扫卫生，周一许多白领都要花一些时间打扫卫生。他想如果自己把卫生打扫了，就可以为白领们节省一些时间，于是，他每个周六周日都到公司打扫卫生。余彭年把厕所打扫得像镜子一样光滑明亮，以至于上厕所的人都不忍心破坏这样的环境。部门经理以为是老板安排的。半年时间，不仅没有奖金，连口头表扬都没有。老板知道这件事的第二天，他就成为公司的一名正式员工。此后，他不断被提拔，一直提到公司总经理。他做了几年总经理后，向老板提出要自己做生意。老板欣然同意，并参股他的公司。他经营得很成功，成为亿万富翁。2003年，他启动了"彭年光明行动"，为中国贫困地区的白内障患者免费实施白内障复明手术，他做慈善事业，并承诺"裸捐"——死后把财产捐给慈善机构。

没有人生来财富加身，责任心却可从小培养。每个人都渴求转变命运的机遇，有时机遇很简单，只需要每一天对自己的工作都一丝不苟。一个星期7天打扫厕所，也可以扫出亿万富翁，扫出慈善家。诚然，并不是每一个打扫厕所的人都能扫成余彭年，但是"用心"、一丝不苟的敬业精神是所有追求卓越者"必须的"，是成就卓越的必由之路。

2. 泰山崩于前而不色变

坚强无畏、持之以恒的意志品质是成就事业必不可少的心理素质，与之相对应的是软弱（时下叫"缺钙"）胆怯、虎头蛇尾。

有句形容大将风范的话叫："泰山崩于前而不色变"。"泰山崩于前而不色变"形容临危不惧，心理素质好，才可成为"大将"。

有个上一年级的小男孩，半学期过去了，连 a、o、e 的 a 字都不会念。一次开家长会，老师对他的父母说："你们家孩子弱智。"小男孩的老爸不高兴："怎么这么说话！"老师说："不弱智，为什么三个月连个 a 字都学不会？"父亲说："我家孩子聪明伶俐，怎么到了学校连 a 字都学不会？这是什么老师！"老师说："你来教。"老爸教了半个小时 a，儿子要么不念，一念就成念成"花、啦、哈"。老爸觉得很没面子，对儿子说："我再教你三遍，念错了，赏你两个大耳光！ a，念！"小男孩清清楚楚地念了一声 a。老师很高兴，指着 a 字后面的 o 字让小男孩念。小男孩听后对父母说："知道我为什么不念 a 了吧？我就知道念完 a，她就会叫我念 o，念完 o 她还会叫我念 e，还要叫我算算术，麻烦事多着呢！所以我才不念。"

这个小男孩是聪明的，如此"聪明"下去学业无成；这种心态仅仅是孩子的心理吗？

3. 知我前程

早在唐代，中国道家全真龙门派有一本修炼"秘籍"，民国版书名为《中国古典灵宝通智能内功术》，其要目分为"三功九法"。三功者，动功、静功、间习功；"九法"中第一法是"智能法"，"智能法"的第四步叫"知我前程"。知我前程一节翻译成现代汉语：相信凡问题都有"解"，然后思考解决问题的方式方法。亦即现在所谓的积极思维。面对困难和挑战的态度是划分积极与消极的分水岭，知难而进的是积极思维，望而却步的是消极思维。

看似不可能的事，其实是没找到方法，找到方法，虽难亦易。

很多问题"无解"——其实是没有找到解决方案，以为"无解"，譬如许多"不治之症"，不是无法治愈，而是医学欠发达的原因。积极思维是假设所有的问题都有解决的办法，那么，这个"假想"为什么能够成立？

其一，科学的发展为"假想"的成立提供了条件。人类想到的每一件事情，都在地球的某个角落得到了解决，人类想到而没有做到的事微乎其微。"可上九天揽月，可下五洋捉鳖"，曾几何时，看似不可思议，今已成为现实；人可以克隆，甚至于可以"组装"——无数看似不可能的事，随着科学发展变成了现实。

其二，凡物皆有薄弱环节，找到薄弱环节，问题便迎刃而解。

王洪震先生大作《洪震文存》书中有一段文字：

被困土山，以忠义著称的关公正是被张辽看出了忠义是其薄弱环节。张辽劝决意死战尽忠的关羽，是这样开始的：先通报战况，"玄德不知存亡，翼德未知生死，昨夜曹公已破下邳，军民尽无伤害，差人护卫玄德家眷，不许惊扰。"胜利者曹操以义善后是此节重点。继又指斥关羽仗义死战却不知已犯三罪，"当初刘使君与兄结义之时，誓生同死，今使君方败，而兄即战死，倘使君复出，欲求兄相助，而不可复得，岂不负当年之盟誓乎？其罪一也；刘使君以家眷付托于兄，兄今战死，二夫人无所依赖，负却使君依托之重。其罪二也；兄武艺高强，兼通经史，不思共使君匡扶汉室，徒欲赴汤蹈火，以成匹夫之勇，安得为义？其罪三也。"三罪即数，语语中的，关羽解甲。

汉高祖刘邦斩白蛇起义，灭秦翦楚扫清寰宇拨乱反正英雄一世，但英雄迟暮面对已然预见的吕后专权却悲歌《鸿鹄》徒唤奈何。然从吕后角度出发，她找到了刘邦的软肋，从软肋下刀，连连得手，使计谋得逞。

蛇之七寸，牛的鼻子，老鼠怕猫，卤水点豆腐，一物降一物。

其三，"假设"所有问题都有"解"，对成就事业具有重要意义。

从逻辑学的角度出发，枚举、概括，不能证明"假设"一定成立。但是，就像西方的管理学是建立在"人性假设"基础上一样，就像哥白尼的太阳中心说当初也是"假设"一样，人性假设奠定了西方管理学的理论基础，太阳中心说奠定了现代天文学的基础；"假设"所有问题都有"解"，它使得人们对未知的探索向可能的方向发展，它是执著寻找"解"的心理支撑和内在动力，它让人们面对困难与挑战不退避、身处逆境不绝望，相信所有问题都有"解"也是一种信念。正向的信念对人生与事业具有积极的意义。

积极进取是一种精神，不是美德。倘若追求的手段或目标无益于世、损人利己，则越积极进取其危害性就越大。有房地产老板出书（或许还是请人代笔），写追求过程的艰辛，写铤而走险，写发家后探险的经历。也许，它对追求成功的人有启迪、激励作用，但不会赢得人们发自内心的尊重，甚至于会引起人们的仇恨，仇富的深层原因不是嫉妒，而是为富不仁。为一己私利，别说积极进取，千辛万苦，就是过劳死，或死于探险，也不会赢得人们的同情。唯有把自身的利益与人民的利益紧密联系在一起，自度度人，他的进取精神才让人感佩，才有标杆价值。

4. 自信

什么是自信？对于要解决的问题或要达成的特定目标（或期望）而言，对自己能力所持有的主观肯定态度。自信的反义词是自卑，超越自卑就是自信。

人有哪些自卑？如何超越这些自卑？

之一，能力自卑。

我曾见过在野外放养的一群鸡，集体飞越一条十几米宽的小河的情景，那是我看到的鸡们最生动的姿势。我想，如果鸡有飞翔意识，节食减肥，加强锻炼，那么它一定可以飞得更高更远。倘若能够飞越长江黄河，翱翔于青山绿水之间，那还叫鸡吗？鸡就演变成了野鸡，野鸡是鸟类。属于一只鸡的空间是一个角落，属于鸟的是广阔的天地，假如野鸡有意识，它有足够的理由自信。

所以说，超越自卑就是不断地锻炼、提升自己的能力，超越自卑就会产生自信。

之二，学历自卑。

《三国演义》第四十三回"诸葛亮舌战群儒，鲁子敬力排众议"摘要：

鲁肃向孙权引见诸葛亮。孙权说："今日天晚，来日聚文武于帐下，先教见我江东英俊，然后升堂议事。"次日鲁肃引孔明至幕下。早见张昭、顾雍等一班文武二十余人，峨冠博带，整衣端坐。"江东英俊"知道孔明是前来做说客，这与许多投降派的利益南辕北辙，为阻止诸葛亮计谋得逞，谋士们争先恐后给诸葛亮出难题。从张昭开始、然后是虞翻、步骘、薛综、陆绩，诸葛亮舌战群儒，"江东英俊"或无言以对、或满面羞愧、或张口结舌。座上有一人依旧不服，说："孔明之言，皆强词夺理，均非正论，不必再言。且问孔明治何经典？"——相当于现在问什么学历，哪个大学毕业的。孔明视之，乃严畯也。孔明曰："寻章摘句，世之腐儒也，何能兴邦立事？且古耕莘伊尹，钓渭子牙，张良、陈平之流，邓禹、耿弇之辈，皆有匡扶宇宙之才，未审其生平治何经典。岂亦效书生，区区于笔砚之间，数黑论黄，舞文弄墨而已乎？"严畯低头丧气而不能对。

诸葛亮是什么学历？——自学成才的农民。但这不影响他成为一代名相。

此一时彼一时，诸葛亮之流已是陈年旧事，我们说个当代的例子。

甲骨文总裁拉里·埃里森2000年在耶鲁大学校庆时发表演讲：

耶鲁的毕业生们……我想请你们做一件事。请你好好地看一看周围，看一看你左边的同学，再看一看站你右边的同学。

请你设想这样的情况：从现在起5年之后，10年之后，或30年之后，你左边的这个人会是一个失败者；右边这个人呢，同样也是失败者；而中间的那伙家伙——不要东张西望，就是你自己，你以为会怎样？一样是个失败者。

说实话，今天我站在这里，并没有看到一千个毕业生灿烂的未来，没有看到一千个行业的一千名卓越领导者，我只看到了一千个失败者。你们感到沮丧，这是可以理解的。为什么，我，埃里森，一个退学的人，竟然在美国最具声望的学府里这样厚颜地散布异端？我来告诉你原因：因为，我，埃里森，这个行星上第二富有的人，是个退学生，而你不是。因为比尔·盖茨，这个行星上最富有的人，也是个退学生，而你不是。你们以盖茨是你们的校友而骄傲，而盖茨没有以在这所学校读书为荣耀。因为艾伦，这个行星上第三富有的人，也退了学，而你没有。再来一点证据吧，戴尔，这个行星上第九富有的人——他的排位还在不断上升，也是个退学生。而你，不是。

现在是讨论实质的时候啦……绝不是为了你们——2000年毕业生，你们已经报销了，不予考虑……不过，在座的各位也不要太难过，你们还是有希望的，你们的希望就是：经过这么多年努力学习，终于赢得了为我们这些退学的人打工的机会……我寄希望于眼下还没有毕业的同学，我要对他们说，离开这里，收拾好你的东西，赶快离开，别再回来了。退学吧，现在开始行动！

我要告诉你们，一顶博士帽，一套学位服，必然要让你沦落……就像这些保安马上要把我从这个讲台上撵走一样必然。

接着，埃里森被保安带离了讲台。

学历重要，比学历更重要的是能力——这在企业表现得尤为突出，文凭和能力之间不完全是水涨船高的对应关系。

之三，年龄自卑。

过去有句话叫"人过四十万事休"。在农耕社会，生产力水平低下，整体而言物质相对贫乏，人到四十时体力和抵抗力都在下降，日出而作日夕而归，食人间烟火，自然会生病，医疗水平低下，小病演变为大病，大病只有丧命。"六十大寿"，七十"古来稀"，四十岁发出"人过四十万事休"的感叹完全可以理解。然今非昔比，现在生活水平高，医疗条件高，都市许多人三十多岁才结婚。现代社会创造价值的方式，靠的是智力，体力退居次要地位。总体而言，四十岁时阅历、创造力等综合能力，相对于三十岁之前的小伙子而言，是优势而不是劣势。美国心理学家威廉·詹姆斯研究显示：人到 40 岁才心理成熟，刚刚进入能够看清人、事、物，能够了解和吸收大自然、人类社会奥秘的年龄而已。

总而言之，无论是创业，还是读书，在得老年痴呆症之前都不算晚。年龄，不能成其为自卑的理由。一天不停止追求，谁也不能给你盖棺定论。

之四，形象自卑。

倘若你不是帅哥、靓妹，是"浓缩的"男子汉或"袖珍型"淑女，属于"我很丑，但我很温柔"的角色，你可能因此自卑，这是形象自卑。——这里，我给"形象"赋予一个更宽泛的内涵：它可以是形象不佳，可以是学历不高，可以是家境贫寒，可以是职位低下……统而言之，是某一方面或某些方面不如他人。

美国有一位女歌手叫玛丝·戴莉，经常参加歌手比赛，屡赛屡败、屡败屡赛，赛赛名落孙山外。一次，她出场前，有位评委问她："你是不是很在意你的牙齿？"戴莉不好意思地点点头。玛丝·戴莉长了一口暴牙，闭上嘴巴两个大门牙赫然突凸出唇外，远看像衔个烟头；张开嘴巴，但见犬牙交错，惨不忍睹。玛丝·戴莉歌唱时为掩饰暴牙，努力拉长上嘴唇，唱歌跑调，表情古怪。评委说："暴牙怎么啦？不要理会你的暴牙，放开喉咙唱！"玛丝·戴莉接受了评委的忠告。轮到玛丝·戴莉出场了，她龙卷风似地旋转着上了舞台，手舞之，足蹈之，张牙舞爪之。玛丝·戴莉放歌一曲，荡气回肠。看惯了听惯了帅哥、靓妹装腔作势无病呻吟的观众，乍听玛丝·戴莉这一另类的演唱，感受到了一种全新的体验，如痴如醉。歌罢掌声雷动，经久不息。玛丝·戴莉从此获得了自信。她的粉丝越来越多，很多粉丝对她的暴牙着迷，越看越好看，越看越耐看，越看越有情调，每看一次都有不同的联想与感受。一次，玛丝·戴莉举办个人演唱会，一位精明的商人发现一个商机，在剧场外高价兜售假门牙——假门牙的仿真度可与玛丝·黛丽的真门牙媲美，尽管价格卖得比票价还贵，还是被玛丝·戴莉的"粉丝"们抢购一空。粉丝们安装上了假牙，像出席化妆舞会。演唱会开始了，马丝·戴莉旋转着上了舞台，但见台下一片大门牙，一个个像大兔子。玛丝·戴莉兴奋得当时就昏了过去。

　　——我的表达有些夸张，我追求的的是艺术真实。玛丝·戴莉变负为正，不再自卑。什么是超越自卑？扬长避短，发挥优势。

　　这个"典型"是美国人，中华文明深源远流长博大精深，难道就孕育不出玛丝·戴莉这样的人物？战国时代，齐国诞生一个人物，玛丝·戴莉与之相比黯然失色，不是一个重量级。

　　齐宣王时期，齐国有一女子无盐，奇丑无比。据野史记载："白头深目，长壮大节，昂鼻结喉，肥项少发，折腰出胸，皮肤若漆（当然是黑漆），行年三十，无所容入，炫家不售，流弃若执。"其中，除了"折腰出胸"——一弓腰胸脯就凸了出去，现代人认为是性感外，其余一无是处。

就这么一个屡屡自荐而嫁不出去的女人，竟异想天开，想嫁给齐宣王。一天，无盐来到国都临淄司马门外。侍卫问无盐："什么人？"答："我就是齐国嫁不出去的那个女人，听说君王是个有德行的人，我愿意到后宫给他打扫卫生。"——虽然话说得比较婉转，但侍卫官还是明白她的意思：她想嫁给齐宣王。侍卫听后笑翻在地，半天没爬起来，随即连忙报告在渐台上寻欢作乐的齐宣王："有无盐女要拜见大王，这是个普天之下最厚脸皮的女人。"齐宣王久闻无盐大名——足见不是一般的丑，一时心血来潮，同意接见，他要一睹无盐之风采、芳容。齐宣王见到无盐，暗暗称奇：奇迹啊奇迹，你说人怎么会丑到这种地步？！当得知无盐来意之后说："你想嫁给我，难道有什么特殊的才能吗？"无盐答道："没有，只是羡慕大王的品德！"宣王又问："尽管如此，你有什么爱好？"无盐问答："喜欢隐身术。"宣王说："试一试好吗？"话音刚落，无盐已不见踪影，宣王大惊。次日，宣王再次召见无盐，无盐双手抱胸，张开口露出大门牙，连说三次"殆哉！"——完蛋了！宣王听得心惊肉跳，说："请赐教。"无盐针砭时弊，一针见血，振聋发聩，纵论国是，高屋建瓴。齐宣王听后，惊得目瞪口呆了，半天说不出话来。此后，齐宣王采纳了无盐建议，拜无盐为王后。国家安定，天下太平。

无盐成功地把自己推销给了齐宣王，无盐的自信不是来自容貌，而是她的政治头脑。每个人都有一技之长，没有可以打造，充分发挥自己的一技之长，就可以找到自信。顺便提一下，无盐可以算得上是销售高手，她居然成功地把自己推荐给了齐宣王——齐国的一国之君。这一案例可用来说明产品文化含量的价值，有时产品文化附加值远远要大于产品本身的使用价值。

何谓超越自卑？扬长避短，发挥优势。超越自卑就是自信。

自信是一种信仰（这一观点我在"补充信仰"一章有论述）。

对于今天所谓"白领""蓝领"、普通公务员而言，有自信就可以了；作为领导者，不仅要有自信，而且还要善于"表现自信"。

曾有一位小老板——姑且称之为王总，送我去机场。途中王总问我："老师，员工跳槽多的原因是什么？"我说："跟离婚相似。"王总说："离婚的原因太多了！"我说："跟员工跳槽相似。"王总说："这话跟没说一样！"我说："我从你的脸上看出一种原因。"王总惊讶："你会相面？"我说："你看上去身心疲倦，仿佛遭遇不幸，员工天天面对你这张脸会怎么想？企业是不是要倒闭了？不然，老板怎么会愁成这样？"对于小微企业而言，老板的脸好比一张晴雨表，它直接影响员工心理。老板对公司目标缺乏自信，员工怎么会有自信和热情？老板的自信是不言之教，无声胜有声。员工自觉不自觉地会依据"晴雨表"推断企业未来。所以，作为老板，有自信还必须把它表现出来。

目标设立以后，追求伊始，大都充满信心，市场经济竞争日趋激烈，达到目标的历程往往艰难曲折，许多人开始怀疑自己，渐渐失去了信心，半途而废。要达到人生的目标，必须对目标具有执着的信心和决心。执着的信心与决心是信念。

5. 信念

什么是信念？信念是认知、情感和意志的有机统一体，是对某种思想观念或事物坚信不疑并身体力行的心理态度和精神状态。某种信念一旦形成，就不会轻易改变。信念在行为上表现为对目标执着的信心和决心。

讲一个案例。

老韦到人寿保险公司招聘说明会会场找人，会议正在进行中。他蹲在一个角落听，先是心不在焉，接着全神贯注，听到最后热血沸腾。

做人寿保险，不需要投入本钱，买空卖空，还利国利民利人利己！从业人员没有年龄限制——老韦五十九岁，没有学历要求——小学三年级文化也行，不歧视残疾人——老韦是瘸子。他觉得这个事业简直就是为自己量身定制的，自己就是为做人寿保险而生的！

推销保险应当善于捕捉信息，老韦捕捉到一个最新信息：于总家买了一辆别克轿车，但是老婆孩子直系亲属没有一个人买人寿保险。

早晨，老韦拨通于总家的电话。于总问：哪位？老韦回答：老韦。你同学。于总问：是大学还是中学？老韦说：东方红小学同学，我比你高十二届。于总说：那是校友，不是同学。老韦说：一笔写不出两个东方红，分那么清楚干嘛！于总问：找我有什么事？老韦说：好事！电话里三言两语说不清楚，见面细谈。今天有空吗？没有？明天呢？后天呢？还有事？你咋那么多事？废话少说，浪费电话费，保持联系。

老韦天天给于总打手机，每两个小时打一次，一周打下来，于总意识到不见不行了：下午下班以后，你到我办公室来吧。老韦说：我离你家近，你家独门独院，三层小洋楼，红院墙，大铁门，大铁门上有一个小铁门，家里还养了一条狼狗，对不对？我到你家一公里多点，我一会儿就走到了。

老韦家和于总家在同一个区，这个区五年前是郊区，城市扩张变成了市区。这里居民的身份也就从农民转变成了市民。

于总夫妻俩在客厅接见老韦。于总问：到底有什么事？老韦说：好事！人寿保险！如今车多，交通事故家常便饭。常溜河边没有不湿鞋的，天天开车谁都不能保证不出车祸？你不撞别人，别人撞你！呪！——撞上了，撞成我这样的腿怎么办？知道我这条腿是怎么回事吗？于总老婆春花说：小儿麻痹症留下的后遗症？老韦说：什么小儿麻痹症？——车撞的。就是因为没买保险，害得两家人半辈子穷困潦倒。随后，老韦把参加人寿保险培训所学到的知识讲给于总夫妇听，重点突出车祸的状况，撞成瘸子撞断肋巴骨撞瘫痪撞成植物人撞死了，能获得多少赔偿金，赔钱多少与伤残程度有关，与投保金额有关。于总听得浑身起鸡皮疙瘩，老婆春花额头冒虚汗。老韦讲完之后问于总夫妇：听明白啦？于总点头：听明白了。老韦说：那就买保险吧！于总婉然拒绝：考虑考虑再说。春花直截了当地拒绝：我们不买！老韦说：不买说明没听明白，听明白肯定买。不明白我再给你讲，直到明白为止。春花说：我们累了。要睡觉了！老韦说：那我明天晚上再来。

第二天黄昏，老韦拐到于总家院门前，擦擦汗推开大铁门上的小铁门，一条狼狗扑向老韦，老韦转身奔逃，逃回家一身是汗。老婆问：出什么事了？老韦说：老同学不买保险，放狼狗咬我，幸亏我跑得比狗快！老婆说：这叫什么老同学？往后不要理他！老韦说：这是什么话？老师讲了，推销保险就是推销观念，不参加保险，出了车祸人财两空，做保险就像做佛，救苦救难，普度众生。老婆点点头，并给老韦支了个防狗咬的招。

老韦到了于总家院门前，他看到狼狗时，狼狗也看到了他。老韦忙从腋下黑塑料提包里掏出一袋肉包子，扔给狗吃。连续喂了三天狗，狼狗睁一只眼闭一只眼地让老韦进了院子。老韦拐进于总家客厅，夫妻俩大吃一惊。春花问：你是怎么进来的？老韦感叹：要过你俩这一关，得先过狼狗这一关，我喂了它肉包子。闲话少说，听我给你们讲人寿保险。于总说：我们从来不在家里谈工作。老韦说：那到哪里谈？于总说：在电话里谈。

老韦白天与于总在手机里谈，夜晚在电话里谈，直谈到于总的手机关机，于总家的电话忙音。

不听手机、电话，但不可能不上班。每天早上太阳升起，老韦就蹲在于总家的院门旁。老韦蹲在院门这一旁，狼狗蹲在院门那一旁，远看像一对石狮子。于总的轿车一露头，老韦就迎上去，脸上露出真诚的笑：老同学，今天有空吗？轿车鸣一声喇叭，算回答，也是叫他让开。天天面对老韦那张真诚的老脸，于总心烦的同时又有些为难，每天早上醒来就发愁，不想起床。有一天，于总为了逃避老韦，轿车也不开了，翻墙头搭出租车去上班。

一个月后的一天早晨，雷鸣电闪，暴雨倾盆，于总夫妇心里很轻松，就像"五一""十一"放假似的，心想下这样大的雨，老韦肯定不会再来了。卧室在二楼，于总起床后，习惯性地撩起窗帘向院门前张望，但见老韦金鸡独立地站在雨中。于总脸色发暗：下雨了，也不放一天假！春花说：我都不想活了！

雨停了。老韦依旧水淋淋地站在大门旁。夫妻俩站在窗帘后望着大门旁的老韦，面面相觑。春花说：这件事不作个了断，老韦是不会放过我们的，哪天才有个出头之日？不如给他点钱，叫他以后别再来了。于总点头说：咱就当是买过路费！

于总打开院门，掏出三百元钱递给老韦。老韦问：买三百块钱保险？于总说：不是买保险，这是给你的辛苦费，请以后别再来了。老韦听明白了，感觉受到了侮辱，愤怒地盯着于总。老韦愤怒时面目狰狞。于总有些心虚，连忙又掏出二百塞到老韦手中，五百！行了罢？老韦气得浑身哆嗦，一把抓过钱，恶狠狠地扔在地上：你把我看成什么人了？！说完，转身就走。雨后路滑，腿瘸，老韦三步一个跟头，哐当！五步一个跟头，哐当！摔将远去。望着老韦的背影，于总心里沉甸甸的。

次日晨，于总起床，习惯性地撩起窗帘往院门前张望，突然脸色大变失声叫道：哎呀！老韦没来！春花赤脚跑到窗前往下望：大门的一旁蹲着狼狗，另一旁空荡荡的，狗在人不在。夫妻俩彼此相望，若有所失，不知道如何是好。良久，于总说：其实老同学这人不坏。春花说：乍看他一拐一拐走路，觉得别扭，看常了，觉得满有意思。于总说：手机一响，我就想到老同学。春花说：电话一响，我就想起老同学。于总说：我睡醒就想起老同学。春花说：我做梦都梦到老同学。于总说：老同学今天没来，不知道是什么缘故。春花说：要不打个电话问问？于总拨通了老韦家的电话，夫妻俩共听一个话筒：喂！老同学在家吗？……你是谁？他老伴……今天他干什么去了？老韦老伴：老韦昨天到一个狗日的同学家卖保险，他不买保险，还放狗来咬我们家老韦，老韦往家里跑，腿摔成骨折了，现在区医院住院呢。放下话筒，夫妻俩都有种负罪感。春花说：不知摔成骨折的是好腿还是坏腿，要是坏腿摔成骨折，那不是雪上添霜？但愿是好腿骨折。于总瞪了春花一眼说：他就一条好腿，要是好腿再摔成骨折，两条腿都成了坏腿，那不更惨？春花点头：但愿摔成骨折的是坏腿。于总说：应该到医院去看看老同学！春花说：不能空着手去，买几斤水果带着。

夫妻俩开车来到区医院，找到了老韦的病房。推开病房的门，但见老韦左腿打着石膏缠着绷带，左腿是坏腿，夫妻俩松了一口气。老韦一见是他们，猛地坐起来，说：来来来，我给你俩讲讲人寿保险！于总说：老同学，不用讲了，你说咋办就咋办！

老韦做人寿保险时59岁，是保险公司销售团队中的"大哥大"，大家都叫他"韦哥"。从业三年，有两年荣获年底销售冠军。因韦哥的精神与伟哥的功能有神似之处，"韦哥"便渐渐演变进化成了"伟哥"。有几分调侃，也是一种赞美。

——这里，有两点要说明：第一，我说的是一种精神，不是销售方法，倘按照老韦的方法做销售工作，好腿会给人打成坏腿。第二，老韦推销保险看似死乞白赖，其实不然，老韦从自身的经历和学习中深刻地认识到参加保险的重要性，认为推销保险利国利民利人利己，人们一旦明白这个道理就一定会参加。——这是老韦的信念。有无这个信念，其行为有质的差别。同样的行为，因信念不同，品位、境界有天壤之别。如果老韦没有这样的信念，出发点纯粹为了赚钱，他的行为是让人生厌的死乞白赖；有了这个信念，他的作为就是自度度人——利人利己、救苦救难，并因此令人钦佩。

三、公道世间唯白发，贵人头上不曾饶

杜牧《送隐者一绝》："无媒径路草萧萧，自古云林远市朝。公道世间唯白发，贵人头上不曾饶。"杜牧感叹怀才不遇，感愤世间不公平，社会不公道。公道的只有白发，贵人的头上照长不误。人生固有胜负成败，但无论如何最终都要老去，生于尘土归于尘土，从不公平的"人之道"归于公平的"天之道"。

每个人都要面对"结果"，是否考上大学是一种结果，是否找到理想的工作是一种结果，与谁结婚是一种结果，是否达到预期的目标是一种结果，"白发"是一种结果。如何看待结果？至少有三个向度：

第一，在人生的立业、发展、维持阶段，主要是展望未来，把注意力的焦点集中在目标理想实现时的情景上——亦即愿景上，这是成功的需要，也是人生艺术。"给人生插花"一章对此艺术有论述。

第二，到了人生"基本定型"、成败的谜底已经揭开的阶段，需要达观地面对。这个阶段要向后看——追忆往事，追忆往事的艺术有"删除"和"回放"。在"给人生插花"一章中对此亦有详述。

第三、如何看待最后的结果——死亡？

孔子曰："不知生，焉知死？"反之亦然：不知死，焉知生？关乎生与死给我留下深刻印象的有两首诗，一是《红楼梦》中的《好了歌》，另一首是四川宜宾流碑池石壁上的诗——《警世要言》：

> 人生七十古来少，前除年少后除老；
>
> 中间光阴不多时，尚有炎凉和烦恼；

> 朝里官大做不尽，世上钱多赚不了；
>
> 官大钱多忧转深，落得自家头白早；
>
> 无须中秋月也圆，无须清明花也好；
>
> 花前月下且放歌，更须满把金樽倒；
>
> 请君细看眼前人，一年一度埋花草；
>
> 草里高低新旧坟，清明大半无人扫。

生与死一体两面，直面人生包括直面死亡，对死的洞察有益于生。

庄子妻死，惠子吊之。庄子则方箕踞鼓盆而歌。惠子曰："与人居，长子老身，死不哭，亦足矣；又鼓盆而歌，不亦甚乎？"庄子曰："不然。是其始死也，我独何能不概然？察其始而本无生，非徒无生也而本无形，非徒无形也而本无气。杂乎芒芴之间，变而有气，气变而有形，形变而有生，今又变而之死，是相与春秋冬夏四时行也。人且偃然寝于巨室，而我噭噭然随而哭之，自以为不通乎命，故止也。"

生老病死如春夏秋冬是一种自然现象。芸芸众生对生的强烈执著，对死的悲哀恐惧，都是盲目不合理的。因为，对我们而言，出生之前无所谓快乐与悲哀，死亡以后也无所谓快乐与悲哀。生前和死后的无限时空，对我们来说都不存在，与我们的人生无关。伊壁鸠鲁说："死是与我们无关的事情，因为我们存在时死亡没有降临，死神降临时，我们又不存在了。"

倘若，对生的执著基于现在活得很滋润，贪生怕死实属情理之中的事；活得清苦的人，从理论上讲应该乐意去死，但事实并非如此，众生信奉"好死不如赖活着"，为什么？

卫国有一位少女，出嫁时哭得昏天黑地，等到了婆家，与丈夫男欢女爱，感觉很快活，于是说："早知道是这样，出嫁时候还哭个屁！"

——对未知的恐惧是人类普遍的心理，人对死的恐惧和卫国这位少女相似。死也许跟出嫁一样，是很快乐的事——可以想象到的快乐的事就有：天天是星期天，年年放长假。因此，我们大可不必为死而焦虑、恐惧。当然，因为好奇，为探知死后的状况和感受而自杀是没必要的，人总有一死，不必太急躁。加谬说："人生是荒谬的，自杀解决不了荒谬的问题。"

晏子说：死是歇息；孔子视死如归——死相当于回家；在基督教那里，坏人死了下地狱，好人死了进天堂；在佛教中，坏人死了轮回到恶道中，好人死了轮回到善道中，以另一种生的形态出现；对坏人而言，死是永恒的惩罚；对好人而言，死是永恒的安息。死不可怕，死而死已！

第六章　存在决定境界

　　给人分类的传统在中国源远流长。以地位、行业、职务分类有"三教九流";以秉赋优劣分类的有智愚;以人格分类的有孝与不肖,忠与奸,君子与小人等。给人分类有无数标尺,每种都有高下之分。讨论人生,给人生划分"境界"很有意义。人生的境界与人生态度是统一的,存在主义有一个著名的论断:存在决定本质。——你想、你选择成为什么样的人,才可能成为那样的人。套用这一句式,说"存在决定境界"亦很精当。衡量人生观以正确或错误区别,衡量人生境界以高下来区分。卑贱与高贵,平凡与伟大,都是表达人生境界高下的相对概念。

　　融古今中外诸子百家之论,纵观当下人生百态,我把人生划分为五种类型:自然人生,名利人生,虚无人生,文化人生,济世人生。现实人生远不止于我所划分的这五种类型,也不像我划分这般泾渭分明,只能说是"就总体而言"。这五类人生境界有高下之分,但不是阶梯式的排列。

一、自然人生

衣食住行养儿育女是生活，但生活不只是为了衣食住行养儿育女。为了生活，我们不得不工作赚钱抚育儿女，赡养老人，但当衣食住行及养儿育女的问题解决了，生活的基本需求满足了，就该有别的追求，譬如文化需求，更高层次的自我价值实现的需求。所谓自我价值实现，就是对社会有价值，有奉献。倘只专注于自身物质生活品质的提高，和生理的满足，即使锦衣玉食，富可敌国，儿女成群，也还是自然人生。因为物质生活品质无论差距多大，但就维护生命存在的作用是一样的。无论是批发市场清仓大甩卖的廉价衣裤，还是裘皮貂绒世界名牌；无论是颜回的"一箪食一瓢饮"，还是山珍海味；无论是诸葛草庐，还是高楼别墅；无论是骑驴、骑单车，还是豪华轿车抑或私人飞机；但衣还是衣，食还是食，住还是住，行还是行。倘若人生——人的思想行为只围绕衣食住行和繁衍生息展开，没有其他目的，这样的人生便是自然人生。

诚然，吃山珍海味、住豪华别墅的自然人生，与"一箪食，一瓢饮，居陋巷"的自然人生品质不同，这种不同不是境界的高下。前一种自然人生不妨称之为"原始的自然人生"，后一种自然人生称之为"不为的自然人生"。"原始的自然人生"与生产力发展水平有关，与地理环境、教育水平及个人秉赋有关，为获得生存必须的生活资料，辛勤劳作求生存，无暇涉及精神文化层面。"原始的自然人生"不值得向往，但值得尊重；"不为的自然人生"重有形而轻无形，在精神文化方面不作为，故称"不为"。"不为的自然人生"是一种选择，是"主观故意"，选择了低境界。

二十世纪末的春天，我到贵阳出差，一文友得知，托我顺便捎点东西给他的一位布依族朋友——贵州省望谟县那夜镇的老甘。文友说，贵阳望谟都在一个省，路不远，上了车想打瞌睡就到了。临行前，文友把一个大提包放在我面前。我问里面是什么东西。文友说，是五身衣服，老甘三个儿子，一家五口，一人一身衣服。

在贵阳办完事，到长途汽车站买一张去那夜镇的车票。小中巴车出了贵阳就进入连绵的群山中。中巴在崎岖险峻九曲回肠的山路上飞驰，没有视死如归的心理素质绝不会打瞌睡，这时才明白文友所说的"想打瞌睡就到了"的真正含意。到达目的地，感觉能活着实属侥幸，盯着司机凝视良久，觉得他是神不是人。

望谟县那夜镇背倚青山，东西长二百余米。山坡上、山脚下，散落着三五十户布依族人家，房屋依山就势高低错落，建筑材料让我想起了秦砖汉瓦这一词汇。镇前是山路，山路下是一条二三十米宽的河。河水清澈，水藻像青枝绿叶在风中摇曳。河边的大树，或有百千年树龄。河那边是山，山那边还是山。

镇子小，找人容易。只询问一个人就找到了老甘的家。老甘家座落在山脚下，三间平房，两间饭店。房子与饭店相距五六米，中间有一条尺许宽深不足半尺的"小溪"，溪水如光如影，汇入镇前的清流。

见到老甘，我自我介绍一番，把文友托我转送的礼物奉上。老甘一家五口高兴得不得了。

老甘家的饭店，是那夜镇唯一的饭店。饭店没有招牌，店里一口锅，一张矮方桌，七八个小板凳，一台不制冷的破冰箱。那夜镇五天逢一个"场"（逢集），逢场的日子，饭店里才有客人吃饭。饭店里油盐酱醋等佐料比较齐全，但没有鸡鱼肉蛋。下饭店的人都自己带菜或买菜，老甘赚的是"加工费"。

老甘把自家唯一的一只大公鸡杀了。晚餐时，老甘请了两个蓬头垢面衣冠破旧的山民来作陪。老甘介绍说，这是他们镇的镇长和书记。这让我感到惊讶。那天的晚宴，让我终身难忘：第一次吃生鸡血，喝"天锅酒"（布依族土酒）。镇长、书记的真诚与恭敬让我感动，就算是县长、省长莅临，也只能如此。

我喜欢那夜布依族人的纯朴与真诚，决定忙里偷闲，在这里小住几天。那夜镇没有旅馆，我住在老甘家。我觉得有必要把食宿价格谈清楚，先小人，后君子。老甘说不要钱。我说不要钱我明天就走。老甘羞羞答答地说：住宿不要钱，吃饭一天五块钱，这约等于不要钱。我提出一天食宿五十元。老甘一家人不约而同一起摇头。老甘说：收五十块钱一天，跟抢劫一样！通过一番"讨价还价"，我坚持住了食宿费三十块钱一天的底线。看得出，老甘一家人既欣喜又发愁。

入夜，下了一场雨，早晨起床，走出门，但见太阳冉冉升起，房前一地落红，无数小鸟鸣叫。八点多钟，老甘一家人才起床，那夜镇人大都是八九点钟起床。稍后得知，那夜人一天只吃两顿饭。新的一天，老甘一家人都围绕我吃饭的主题展开。老甘大儿子到望谟县去买菜，二子三子到山上去抓山鱼（以前不知道山上也有鱼），老甘到镇上人家买公鸡。中午的菜很丰盛，猪肉牛肉公鸡山鱼汤……席间，老甘憧憬未来：给三个儿子都盖上新房，都娶上媳妇，儿孙满堂。老甘眼睛发亮，一脸神往。连续两天，故事大同小异，第三天晚餐后，老甘对我说：镇书记找我谈话啦，他叫我到县城去买公鸡，不然那夜镇的公鸡就杀完了，就没公鸡打鸣了。没公鸡打鸣的夜，还叫夜吗？老甘大儿子说：为凑够三十块钱菜，一家人愁得夜里睡不着觉。吃住一天十块钱行不行？你就不要为难我们一家子了。我只能同意。一家人如释重负。老甘说，明天开始，我带你看风景。

望谟县那夜镇的生存环境，可以用贫穷落后，与世隔绝，甚至于原始来形容；文化生活可以用单调、贫乏、枯燥乏味来表达。想当然，那夜人苦不堪言，其实不然，老甘一家，那夜人，怡然自得地生活着。"饭蔬食饮水，曲肱而枕之，乐亦在其中矣。不义而富且贵，于我如浮云。"（《论语·子罕》）他们的生活围绕衣食住行繁衍生息展开，处"自然人生"阶段。

《心理及人生理想谈话》一书中，一个酋长对一个白人说："我的兄弟，你将永不知无思无为之幸福，在一切事物中，此为最迷人，仅次于睡觉。我们生前如此，我们死后亦如此。至于你们……刚刚收获完了，又开始播种；白昼不够用，又耕于月下。你们的生命怎么能跟我们比？你们认为我们的生活空无一物没有意义，你们真瞎。你们失了一切，我们则生活在'当下'。"

那夜人生活在那夜镇，宛如鱼遨游在水中；都市人生活在那夜镇，像鱼晒在沙滩上。清纯的溪流源于没有污染的青山，那夜人的幸福感只会在那夜人心中萌生。处"原始的自然人生"阶段，幸福感依旧可以很高。说自然人生是人生的低级阶段，这里"低"指的是境界，不是幸福感。

二、名利人生

什么样的人生是名利人生？追逐名利是图，不计其余。这是当下最普遍的生态，拟重点讲述，述其利弊得失，对于"想"完善、提升境界的人，或有所启迪。弗格森说过："每个人都守着一扇从里面开启的门，无论我们多么动之以情，晓之以理，我们都不能替别人开门。"

谈男人，必然涉及女人；谈文明必然涉及野蛮；谈"名利人生"，需结合"文化人生"来谈，与"文化人生"比较，名利人生有哪些需要改进。

1. 解剖"大鳄"

乔治·索罗斯1930年出生于匈牙利，美国籍犹太裔商人，著名货币投机家，股票投资者。索罗斯扬名全世界，是因为他在二十世纪九十年代制造了两场金融危机。

1992 年，索罗斯对英格兰银行和英镑发动攻击。英国政府动用了 269 亿美元的外汇储备，但最后还是以失败告终。这一年，索罗斯的基金增长了 67.5%，他个人净赚 6.5 亿美元。

索罗斯搞垮英格兰银行之后，把攻击目标瞄准了东南亚，掀起一场轰动世界的亚洲金融危机。1997 年，索罗斯及其他套利基金经理大量抛售泰铢，引发泰国外汇市场动荡，泰铢一路下滑，泰国政府动用 450 亿美元资金，但无济于事。索罗斯飓风很快席卷印度尼西亚、菲律宾、缅甸、马来西亚等国。导致上述国家货币大幅贬值，工厂倒闭，银行破产，物价上涨，一片惨不忍睹景象。这场索罗斯飓风，吹走了东南亚国家百亿美元的财富，让这些国家几十年的经济增长化为灰烬。世人因此记住了这个可怕的恶魔——索罗斯，人们叫他"金融大鳄"。

索罗斯"野蛮生长"，钻法律的空子，他通过投机、巧取豪夺积累了巨额财富。之后，他"忙中偷闲"做慈善，其实质是"漂白"。"漂白"就是赚黑心钱，名声不好，拿点黑心钱做善事，沽名钓誉——这是为"名"。即使如此，比一条道走到黑"我是流氓我怕谁"的作派值得肯定和鼓励。但，就算他把所有财产全用于慈善事业，至多是过功相抵。这好比强盗基于某种原因自动自首，交出抢劫的全部赃款，公安部门再宽大为怀，至多是将功折罪无罪释放，绝不会"以资鼓励"。

索罗斯无论拥有多少财富，都处于名利人生阶段。人生境界与世俗所谓的"成功"之间不能划等号。索罗斯很成功，但其人生境界比自然人生还低。比自然人生层次还低的是野蛮人生，不同的只是表象——表象看似文明。

一般人或许会认为，自己的生活与索罗斯没有可比性，那多半是因为没有深度思考，或缺乏深度思考能力的缘故。

2. 左脑人

莫妮卡（monica）是她英文的名字。莫妮卡是海归，回国后，先是在上海一家美资企业做人力资源部经理，后自己创业，注册一家管理咨询有限公司，摇身一变成了总经理。

某日，莫妮卡请我喝咖啡。我说：我请你。莫妮卡说：我有问题要请教你，不让你请我喝咖啡，没道理。咖啡馆内，莫妮卡跟我谈她的婚变：

我老公在电视台工作。我们两年前结的婚。结婚前，我反复声明：我不要孩子，想要孩子别跟我结婚。老公说，只要跟他结婚，什么条件都答应。结婚两年后，老公变卦了，说他爸妈不同意我们不要孩子。我们要不要孩子跟他们有啥关系？生小孩有什么用？生女儿投入大于产出，生儿子等于生了个债主。中国传统观念养儿防老，现在上海谁还靠儿子养老？——不啃老就不错了！老了之后，可以花钱雇保姆伺候，不听使唤就开掉，看腻了就换一个。不要孩子，他当然要戴安全套。没想到，为了要小孩，他竟然干出了一件卑鄙无耻的事：在安全套上搞了个小洞洞，害得我怀孕了。我要流产，老公和他爸妈百般阻挠，我独自一人到医院做的流产手术。后来，他有外遇了，女方怀孕了，他提出要离婚……上周我们离了。

听罢莫妮卡的介绍，我给她谈了一点心理学："人的左右脑是有分工的，左脑分管逻辑、理性、功利分析，右脑分管直觉、感性、人生体验、审美。左脑帮助人获得成功，右脑使人产生快感、美感、幸福感。一切从功利目的出发，过度地使用左脑，使得右脑处于抑制、休眠状态，从而减弱人感受快乐、幸福的能力。心理学家称这种人为'左脑人'。你是典型的'左脑人'，你应当开发右脑。"

莫妮卡问："开发右脑是否有益于企业做强做大？"

我说："据说苏格拉底的眼睛大而凸，鼻孔大而翻卷，嘴巴大而厚。有一次苏格拉底拿自己和一个公认美貌的青年比较，说自己更美貌，理由是：他的眼睛最有利于看东西，他的鼻孔通气最流畅，最适合于嗅气味，他的嘴巴最适合饮食和接吻。但没有人因为他的论证而改变衡量美的标准。美不以功用为目的，因此不依仗于功用。一切从功用出发，就感受不到美。想享受美感，想拥有美满的婚姻，想生活得更加幸福美满，必须开发、使用右脑。"

莫妮卡问："怎么开发右脑？"

我说："三言两语说不清楚。"

莫妮卡说："你给我讲讲怎么开发右脑，我付你一千元心理咨询费。"

我说："我不要咨询费！"

莫妮卡问："那你要什么？"

莫妮卡把夫妻，母子，朋友等人与人的关系，都放到"利害关系"中理性地、势利地处理，缺乏人之为人应有的人情味——"仁道"，这是功利人生的又一类型。

3. 关于"土豪"

何谓土豪？《南史·韦鼎传》有："州中有土豪，外修边幅，内行不轨"句，特指乡村中有钱有势的恶霸。土豪为中国人熟知与革命时期"打土豪，分田地"有关。那时的土豪是被打击、专政的对象，先是指为富不仁的地主，后泛指地主。

今网络上的"土豪"与过去的土豪内涵不同。此"土豪"可拆分为"土"＋"豪"：土者，土气、粗俗、粗野；豪者，豪放、挥金如土。"土豪"多半是暴发户，是暴发户向"文化人生"的过渡阶段。土豪审美能力低下、缺乏艺术鉴赏力，追求生活情调，但由于文化品位低，无以在高雅的层面上有所表现，于是在浅层次的"形式上"吸引眼球：学习、追求新贵的社交礼仪与生活方式，自以为高雅，而不识其寒蠢。

土豪在网络上一出现，就广为流传，点击率数以亿计，这反映什么样的社会心理？土豪这一带有贬义的称谓，反映出人们对炫耀财富的鄙视。土豪的出现，让中产阶级找到了可以挺直腰杆、骄傲的理由：他们认为自己比土豪有文化，懂时尚。每个人都可以毫不费力地在身边找到土豪，土豪对文化与时尚的追求，是一种进步，比心甘情愿做土财主、暴发户值得肯定。

"大鳄""左脑人"和"土豪"，皆属名利人生。"大鳄"成就名利的手段不道德；"左脑人"缺乏人情味（仁道）；"土豪"文化品位偏低。所以"名利人生"有待完善与提高。

三、虚无人生

这里，我们谈的是"红尘世界"中的"虚无人生"，此"虚无人生"在宗教之外。只有索取和消费、少有奉献，只有新鲜的欲望，只追求感官刺激，没有信仰，没有目标与追求，人生因此无价值无意义，姑称之为"虚无人生"。之于虚无人生，不便举例说明。

随着科技的进步，生产力水平的提高，中国逐渐向发达国家的行列迈进，现在很多家庭已经解决了衣食住行的问题，甚至连下一代衣食住行的问题也解决了。"下一代"出生在"成功"的高地上，享受父辈打下的江山。他们"无需"追求什么，没有远大的人生目标，甚至没有功利之心。但是，他们没有父辈那样创业精神或能力，自觉不自觉地奉行杨朱之人生之术："且趣当生，奚遑死后"。只要眼前有快乐可以享受，就充分享受，不顾任何后果，不管死后。寻求各种感官刺激，以谈情说爱的名义纵欲；沉溺于虚拟的网络，在网络上游戏、猎奇，打发时间，获取谈资；心不在焉地看电影，看电视。他们不停地刺激感官，稍有空闲就觉得无聊，于是没事找事，寻找、制造名目繁多的聚会，品尝美味佳肴，酗酒，唱歌，"别出心裁"地炫富。渐渐的，对一切都厌倦了，百无聊赖，无所事事，就像在苍茫的大海里迷失了方向，茫然不知所措。他们像一无所有一样缺乏满足感，而又不知缺少什么，还需要什么。于是，"从头开始"，花样翻新地刺激感官，但因想象力贫乏，"花样翻新"的结果千篇一律：换女友，换朋友，换聚会唱歌的场所，换酒的品牌或种类，如此循环往复。

源于感官的享受是有限的，譬如人的胃，尽管有大有小，但再大大不过一个枕头，能够装的酒肉相对有限，装满之后就进入休眠状态。而人的心灵则不然。人感觉无聊、不满足的是心灵，是心灵的贫乏、空虚。心灵享受的对象是文化。精神越丰富，心灵越快乐、越幸福。从这个意义上说，人要幸福快乐，不能仅通过感官从有形的层面获得，还需要文化。心灵享受精神的限度是无限的，因而人的幸福和快乐也是无限的。感官不能满足心灵需求，文化是心灵的琼浆盛宴。精神的追求是充实、满足心灵的过程，也就是幸福快乐的过程。没有精神追求，不读书，不能从艺术中获得美感与快乐，其心灵就好比是聋子、盲人，听不到美妙的音乐，看不到美丽的风景……

虚无人生既不像自然人生那般为养儿育女衣食住行劳作、劳神，也不像功利人生那般为功利孜孜以求患得患失。他们的人生没有目标，以致没有意义，及时行乐是他们思想行为围绕的核心。虚无人生目前尚属"小众"，但如果"绿色文化"建设继续缺失，虚无人生会像"老年斑"一样随着时间的推移越来越多，布满社会这张脸。朽木才会滋生蘑菇，一种生态以"群像"呈现必有其原因。那就是在精神文明与物质文明建设上"一手软，一手硬"。改变这一现状是一个系统的工程，它需要"国家的意志"；需要财力物力的支持；需要下大力气探索文化建设的方式方法，并逐步使之规范化；需要变更现行的教育体制，从幼儿园到高中、到大学，到硕士、博士，让我们的学校能够培育出与文明古国相匹配的世界上最优秀的公民。重功利而轻公德，重科学而轻文明……文化建设刻不容缓不能止于口号。

功利人生有待"改善"，而虚无人生是寄生的、纨绔的人生，乏善可陈。

四、文化人生

何谓文化人生？文化人生，是生产力水平提高之后，从自然人生中解放出来的。人的生活，除了求生之外，尚有其他目的，并有选择此目的之自由，——亦即解决了生存所必须的衣食住行问题，有一定的时间与精力从事与文化、精神活动有关的事情。这是文化人生（也是人类文明）产生的必要条件。将文化人生与名利人生比较，文化人生有"仁道"（人情味），是道德的，有文化品位有情调的人生。

1. 仁道

某年，与来自世界各地的一个留学生班的同学一起过平安夜。唱歌跳舞喝酒。啤酒，干红，威士忌，想喝什么喝什么，随意。我喜饮烈性酒，觉得喝啤酒是肚量问题，不是酒量问题。一位日本留学生——姑且称之为高桥先生，亦喜饮烈性酒。物以类聚，人以群分，共同的爱好让我们坐到一起，痛饮威士忌。一瓶威士忌喝完，彼此都有些酒意。高桥向我伸出大拇指："中国人都像你这样，就是文明国家了。"这句赞美让我感觉不爽，放下酒杯问："你的潜台词是，现在中国不是文明国家？"高桥反问："现在中国能算文明国家？"我问："为什么不算？"高桥道："乱扔垃圾，随地吐痰。"我说："中国十三亿人口，五六亿农民，我们的农民兄弟在富饶辽阔的土地上耕耘，不随地吐痰怎么办？难道每个人都买个痰盂像钢盔一样挂在脑后？随地吐痰，说明我们地盘大；吐得声音洪亮，说明我们的体魄壮；只要不吐出国门，吐向世界，想怎么吐就怎么吐，看谁能敢把我们怎么样。呸！"高桥嘀咕道："强词夺理。"我说："看来有必要跟你谈谈什么叫文明。文明不以是否随地吐痰作为衡量标尺。一个民族纵然从不随地吐痰，但是为了掠夺他国的财富，发动侵略战争，往人家的土地上扔炸弹，扔毒气弹，制造大屠杀，你说这个民族文明？与文明的对立面有一个概念叫野蛮，文明是以远离野蛮的距离来衡量的。反省能力越强，文明程度越高。一个缺乏反省能力的民族，无论多么发达，多么会鞠躬，都不配称为文明。他们会在同一块石头上绊倒多次。日本军国主义给包括日本人民在内的亚洲人民带来深重的灾难，不到一百年就被选择性地遗忘，甚至于否定，美化，日本人把侵略战争称为'那场战争'。日本虽然战败，但是不服，既没有真心谢罪，也没有真诚反省，日本人把死不认罪当成了美德。我担心日本重蹈历史覆辙，日本国土上再次升起蘑菇云。我这么说，不是情绪化，与民族主义无关，而是忧虑。中国文化的核心是仁，仁者，爱人。从这个意义上讲，中国是最文明的国家。至于乱丢垃圾，随地吐痰，充其量只是我们需要不断完善的细节。而缺乏'仁道'的民族，不配称为文明国家；缺乏'仁道'徒有形式的所谓'文明'，如蜡做的花，即便形象逼真，但没有香味，没有生命。"

文化人生是有"仁道"的人生。孔子把道德的核心归结为"仁"。西方没有"仁"的概念。仁者，"人"字旁边一个"二"，表现的是人与人的关系。父子，兄弟，夫妻，朋友，同事，领导部下等等，不同的关系，都有相应的仁道。譬如父慈子孝，兄爱弟敬，夫妻相爱，朋友真诚等。"仁道"与"博爱"相近，但比博爱更具体；"仁道"是人情味，但比人情味更准确。有"仁道"的人生，有情有义。

这里，"仁道"之仁，是君子之仁。君子之仁，是大仁大义；徇私枉法，官官相护，是小人之仁。小人之仁似仁非仁，祸国殃民。文化人生是有"仁道"的人生，这个"仁道"不是"幌子"，惺惺作态的伪君子算不得文化人生。

2. 文化素养

"仁道"是文化人生的特征之一，但不是唯一特征。就像人是两条腿走路，但两条腿走路的并不都是人，鸡也是两条腿走路。文化人生，除了有"仁道"外，理应有文化素养。文化素养与学历有关，但并不是学历高文化素养就高。自然人生以求生存为目的；名利人生以名利为目的；文化人生，于求生之外有其他的目的及活动——精神文化的追求。读书是重要的"活动"内容，"知学近乎智也"，知道学习重要的人接近于有智慧；喜爱读书的人，约等于有文化；其次，有创造、鉴赏、欣赏文化艺术作品的能力与行为；其三，"知行合一"，既有人文素养方面的理论知识，并以其为指导为人处事。如此，才可以称得上有文化素养。古人把这样的人称之为"君子"。

为简易起见，可否按行业、地位区分文化人生与非文化人生？

作为"文化圈"中人，譬如作家、诗人、文学爱好者，哲学家、历史学家等，有一定的文化素养和鉴赏力，是"文化人"，他们的人生是文化人生。但不是说，除此之外的人生就不是文化人生。这就比洛阳牡丹园，园内各种牡丹花，但并不是牡丹都生长在洛阳牡丹园。文化圈中大都是文化人，但并不是所有文化人都属于文化圈。文化圈外的文化人，就像洛阳牡丹园外的牡丹，公园、庭院、路边，随处可见。

——因此可以说，无法仅从行业、地位来区分文化人生与非文化人生。

寺庙里，念经的是和尚，听经的也是和尚（门外看热闹的不是）。创造文化的人是文化人，能够欣赏文化的人也是文化人，其人生都是文化人生。

为避免混淆，有必要作一点补充：

文化不同于娱乐，文化圈有别于娱乐圈。文化圈中人创造、鉴赏文学艺术，娱乐圈中人创造、传播娱乐和绯闻。文化人生不同于娱乐人生。文化人生与文化艺术审美等精神活动有关，娱乐人生与包括生理器官在内的感觉器官有关。

有句俗语："内行的看门道，外行的看热闹。"缺乏起码的文化素养与鉴赏水平的"外行"，算不得文化人，其人生也算不上文化人生。譬如看电影，有文化素养和鉴赏力的人，有思想，能看出"门道"，看电影是审美活动；文化素养差鉴赏水平低的人，看的是"热闹"，"该笑的地方不知道笑，不该笑的地方瞎笑"，看电影是娱乐活动。

3. 文化人生，有人生乐趣

如果一种生活，没有情调，没有人生乐趣，那是不值得向往的生活。

"山不在高，有仙则名；水不在深，有龙则灵。斯是陋室、惟吾德馨。苔痕上阶绿，草色入帘青，谈笑有鸿儒，往来无白丁。可以调素琴，阅金经。无丝竹之乱耳，无案牍之劳形。南阳诸葛庐，西蜀子云亭，孔子云，何陋之有。"

刘禹锡《陋室铭》所写陋室中的人生，清新、淡雅。物以类聚，人以群分。志同道合者，陋室小聚，不论是吟诗作赋，还是饮酒品茶，谈天说地，皆自成乐趣。今之文学沙龙，文学笔会，与此有相似处，但因功利成分太多而串味、变味。

文化人生，有情调。何谓情调？譬如"阿拉上海人"泡吧，——泡在茶社或咖啡馆。一杯茶，或一杯咖啡，再或是半杯干红，懒散地躺在沙发里，跷着二郎腿，任思想意识流。说说老板的坏话，女人讲讲男人的好色和自作多情，咬耳朵讲闺房中的私密事，嚼嚼老婆舌头；男人吹牛皮，畅想美好的未来，"捣糨糊"，讲"摆平"女孩的故事，真真假假。这些都算不上有品位，却有点"情调"。——许多人称之为"小资情调"。但，如果谈话的内容全都围绕着怎么向客户推销产品、赚钱，那就没了情调；倘若谈论的话题是人生，是文学，抑或是附庸风雅地谈论国学，不管见解是肤浅还是深刻，都让人感觉很有情调，很上档次。

文化人生的重心在自娱自乐、"自度"层面上。"自度"惠及的是家人乃至亲朋好友这一"小圈子"。它或许有济世情怀，但往往止于情怀。

其实，文化人生的门槛不高，稍有能力和层次的人都能迈进这个门槛，关键是许多人不知道有这么个"生态园"，像草履虫一样在"功利人生"的圈子内转来转去。过有情调、有品位、体面的生活，是人心所向。人从自然人生中解放出来后，以什么方式生活，生活在那个层面，是一种选择。

伊壁鸠鲁学派创始人卢克莱修说过："站在惊涛骇浪的大海边，看船在挣扎是快乐的；站在城堡上看城堡下两军的厮杀是快乐的；这不是因为我们丑恶，而是侥幸自己免于遭受那样的灾难；但所有这些都不如站在人类思想的高峰俯视人间的迷茫，更加快乐。"有文化，才能站在人类思想的高峰，体会到俯视人间迷茫、无与伦比的快乐。

人欲横流的现代社会，谁还有这样的雅兴？哪里还有这样的人生？

文化人生不是当代的"主流"人生，当代主流人生是功利人生。功利人生是"异化"的人生，需要完善。人类文明的进步需要文化滋养。传承、创造文化，有"仁道"的"文化人"，倘若都蜕变成"左脑人""经济人"，社会纯粹就是"商场"——没有硝烟的战场，就是尔虞我诈的官场，人类社会成了冷漠、血腥的"动物世界"，人类社会就"返祖"到了野蛮时代。文明与野蛮的分野就在于"文化"，文化失落的社会，对任何人，无论是达官贵人，还是平民百姓，都是灾难，全人类的灾难！

文化人生，是应大力倡导的一种人生模式，它不一定幸福，但是它道德境界更高。幸福，不应是人类的唯一追求。

五、济世人生

传统文化中所说的济世，通过追求"三不朽"——"太上立德，其次立功，其次立言"来实现。为创造灿烂文化的历代圣贤及诸子百家，泽被后世，他们的人生是济世人生；为人民为后世谋幸福推动历史发展的领袖、将军、士兵、英烈，他们的人生是济世人生；促进科技进步的科学家，还有形形色色的"榜样"，如雷锋、如焦裕禄，如"二十四孝"，如"新二十四孝"，如慈善家……他们的人生是济世人生。济世的对象不局限于人类，还应包括自然界。从这个意义上讲，献身绿色环保及动物保护事业的人士，他们的人生也是济世人生。

济世人生，首先须有"安得广厦千万间，大庇天下寒士俱欢颜""先天下之忧而忧，后天下之乐而乐"之悲天悯人的济世情怀。没有济世情怀，"一不小心"做的"好事"，不是济世。

济世必须有"主观故意"。"主观上为自己，客观上为别人"的人生不是济世人生。由此推演，纳税人纳税再多也不能算作济世，企业家不等同于慈善家。

济世人生除了有"主观故意"外，还必须有实际行动，止于"情怀"至多是文化人生。有济世的实际行动，如"结果"微不足道，依旧是文化人生。如若既有济世之心又有济世行为，而又"效果"显著，这样的人生才是济世人生。

下面，我们以"具象"来表现"济世人生"。

1. 普罗米修斯

在古希腊神话中，人是普罗米修斯创造的。他也充当了人类的老师，凡是对人有用，能够使人类幸福快乐的事，他都教给人类。投桃报李，人类也用爱和忠诚回报普罗米修斯。但最高的天神宙斯却要求人类朝拜他，把最好的东西拿出来奉献给他。普罗米修斯因庇护人类触犯了宙斯。作为对人类及普罗米修斯的惩罚，宙斯拒绝给予人类形成他们的文明所必需的火。但普罗米修斯想到了个办法，他在茴香树上折了一根茴香枝，在烈焰熊熊的太阳车经过时，他把长长的茴香枝伸向烈焰，他偷到了火种并带给了人类。宙斯大怒，他吩咐火神把普罗米修斯带到高加索山，用一条怎么也挣不断的铁链把他捆缚在一个陡峭的悬崖上，让他永远不能入睡，双膝不能弯曲，并在他的胸脯上钉一颗金刚石的钉子，让他忍受饥饿、任风吹日晒，风霜雨雪。火神内心敬佩普罗米修斯，悄悄地对他说：只要你向宙斯认错，归还火种，我一定请求宙斯饶恕你。普罗米修斯坚信：为人类造福没有错！他拒绝认错和归还火种。火神只好把普罗米修斯带到高加索山，按宙斯的吩咐惩罚普罗米修斯。此外，宙斯还派一只神鹰每天去啄食普罗米修斯的肝脏，但被吃掉的肝脏随即又会长出来。就这样，日复一日，年复一年，任寒暑易节，星转斗移，普罗米修斯没有屈服。直到一位名叫赫刺克勒斯的英雄将他解放出来为止。

普罗米修斯的故事是神话，是一种象征。为人类的幸福而生活，给人类的文明带来"火种"的人，都是普罗米修斯。

2. 我的中国心

很想举几个典型的例子，一时想不起来了。经过一番苦思冥想，终于想到一个——那就是我。真是骑驴找驴！我除了"求生"之外，还有其他目的——"为天地立心，为生民立命，为往圣继绝学，为万世开太平"。用现在的话语体系表达就是：继承、借鉴、弘扬古今中外优秀文化，为实现"中国梦"增添正能量。——假如有人认为我是矫情，我也不会介意。子曰："人不知而不愠，不亦君子乎"？我有济世之心——希望自己能对民族文化的发展做出贡献；也有济世之行：读书、创作、出书、演讲、主编丛书；美中不足的是成效不够显著。但只要活着，不停止努力，谁也无法给我盖棺论定。

毛泽东著名诗词《沁园春·雪》中："惜秦皇汉武，略输文采；唐宗宋祖，稍逊风骚；一代天娇，成吉思汗，只识弯弓射大雕；俱往矣，数风流人物，还看今朝！"毛泽东曾说，词中"风流人物"指的不是他自己，而是"广大人民群众"；这里，"我"亦非我，指的是"文化人"这一群体。

"我"济世的方式与慈善家不同，慈善家主要是以金钱济世；"我"主要以"文化"济世。古人云："君子固穷"——因为君子的心思不在赚钱上，在学问、"道义"上。慈善家捐钱济世，赚钱需要精力与时间。学问与赚钱，往往是鱼与熊掌不可兼得。所以在金钱和文化两个方面济世都"大有作为"者不多。以金钱济世更直接、更具有现实意义；以文化济世，如春风化雨，影响力久远。两者价值孰大孰小？无需比较！

3. 永生的途径

巴金先生有一篇散文《生》，写于1937年8月，抗日战争爆发之后，文中有这么段话：

从一滴水的小世界中怡然自得的草履虫到在地球上飞腾活跃的"芸芸众生"，没有一个生物不是乐生的，而且这中间有一个法则支配着，这就是生的法则。社会的进化，民族的盛衰，人类的繁荣都是根据这个法则而行的。这个法则就是"互助"，是"团结"。人类靠了这个才不被大自然所摧毁，反而把它征服，才建立了今日的文明；一个民族靠了这个才能够抵抗他民族的侵略而维持自己的生存。

维持生存的权力是每个生物、每个人、每个民族都有的。这正是顺着生之法则。侵略违反了生的法则的。所以我们说抗战是今日的中华民族的神圣的权利和义务，没有人可以否认。

这场战争是一个民族维持生存的战争。民族的生存里包含着个人的生存，犹如人类的生存里包含着民族的生存一样。人类不会消亡，民族也可以活得很久，个人的生命则是十分短促。所以每个人应该遵守生的法则，把个人的命运联系在民族的命运上，将个人的生存放在群体的生存里。群体绵绵不绝，能够继续到永久，则个人何尝不可以说是永生。在科学还未能把"死"完全征服、真正的长生塔还未建立起来以前，这倒是唯一可靠的长生术了。

我觉得生并不是一个谜，至少不是一个难解的谜。

我爱生，所以我愿像一个狂信者那样投身到生命的海里去。

这里，"生命的海"就是中华民族，是作为"人类"的中华民族。有人把国人爱国说成是狭隘的民族主义，如果不是别有用心，就是糊涂。一个民族为本民族的利益，侵略、掳夺、损害另一个民族，那才是真正狭隘的民族主义。

作为中国人，把个人的这滴"水"融入中华民族这"生命的海"中，就是永生。

钱穆先生在其著作《人生十论》中有一论——"物与心"，其中有一段文字：

> 例如这张桌子吧，它仅是一种物质，但此桌子的构造、间架、形式、颜色种种，都包括有制造桌子者之心。此桌子有木块做成，但木块并无意见表示，木块并不要做成一张桌子，而是经过匠人的心灵之设计与其技巧上之努力，而始得完成为一张桌子的。所以这桌子里，便寓有了那匠人的生命与匠人的心。换言之，那匠人之生命匠人之心，已经离开那匠人的身躯，而在此桌上寄托与表现了。我们据此推广想开去，便知我们当前一切所见所遇，乃至社会形形色色，其实全都是人类生命与心表现，都是人类的生命与心，逃避了小我一己之躯壳，即其物质生命，而所完成之表现。狗与猫的生命与心，只能寄托在狗与猫之身躯之活动。除此之外，试问又能有何其他表现而继续存在呢？

钱穆先生要表达的是："人心可以离开身体而另有表现"。延伸开来说：人生可以"物化"，——可以通过工作、创造而转化存在形式，从而得到永生。

或曰，任何人都工作，其人生都会被"物化"，岂不是所有人都得到了永生？对此，奥斯特洛夫斯基回答是：

利己的人先灭亡，他自己活着，并为自己而生活，如果他的这个"我"

被损坏了，他就不存在了……但是，如果一个人不是为自己活着，而是把自己溶化在社会里，那便很难杀死他，因为想杀死他，就必须杀死周围的一切，杀死整个国家，整个社会才行。

第七章　人性的光辉

　　孔子周游列国时听到一首儿歌："沧浪之水清兮，可濯我缨；沧浪之水浊兮，可濯吾足"。——水清又清啊，可以用来洗我的帽缨子；水浑又浑啊，可以用来洗我的脚。孔子听罢对弟子们说："水是用来洗帽缨，还是用来洗脚，是由水的品质决定的。人也一样啊！"人能够做什么——成就大小是由人的"品质"决定的。古代所谓的"品质"，指的是"德"。古人把成功分为三个层面：立言，立功，立德。冯友兰先生曾说，立言立功需要成本，立言需要天才，立功（也就是成就事业）需要机缘，立德是最高境界，但是成本最低，可是最难，需要每天坚持。

　　不做坏事，独善其身是好人；经常做好事，兼爱，"老吾老以及人之老，幼吾幼以及人之幼"，具有社会责任感的人是好公民。当下，符合社会主义核心价值观——"爱国、敬业、诚信、友善"的人，就是好公民。窃以为，将"友善"改为"仁爱"，外延更广、境界更高。"爱国、敬业、诚信、仁爱"是人性的光辉。

　　基督教教人做好人，儒家是"良民宗教"，教人做"良民"——亦即好公民。什么样的人是良民？有仁爱之心讲究诚信的人。仁者，爱人，"人"字旁边一个"二"，体现在人与人之间的关系上，譬如父慈子孝，兄爱弟敬，夫妻恩爱，为人友善等。怎么做良民？用一句话高度概括，就是"礼"的知行合一。

好公民的"标准"与时俱进，党的十八大提出社会主义核心价值观：富强、民主、文明、和谐，自由、平等、公正、法治，爱国、敬业、诚信、友善。富强、民主、文明、和谐是国家层面的价值目标，自由、平等、公正、法治是社会层面的的价值取向，爱国、敬业、诚信、友善是公民个人层面的价值准则，是衡量好公民的"标尺"。

一、爱国

中华民族具有悠久的历史与文明。中国人一度是地球人的楷模，如果不了解，请阅读辜鸿铭先生《中国人的精神》。

辜鸿铭何许人也？生在南洋（1857年7月18日生于南洋马来，父亲是福建人），学在西洋，婚在东洋，仕在北洋。精通英、法、德、拉丁、希腊、马来亚等9种语言，获13个博士学位，第一个将《论语》《中庸》用英文和德文翻译到西方。向日本首相伊滕博文大谈孔学，与文学大师列夫·托尔斯泰书信来往，讨论世界文化和政坛局势，被印度圣雄甘地称为"最尊贵的中国人"。

辜鸿铭指出中国人的性格和中国文明有三大特征：博大、纯朴和深沉。

美国人要理解真正的中国人和中国文明是困难的，因为美国人一般说来，他们博大、纯朴，但不深沉；英国人无法真正懂得中国人和中国文明，因为英国人一般说来深沉、纯朴，但不博大；

德国人也不能真正理解中国人和中国文明，因为德国人特别是受过教育的德国人，一般说来深沉、博大，却不纯朴。只有法国人最能真正的理解中国人和中国文明，固然，法国人既没有德国人天然的深沉，也不如美国人心胸博大和英国人的心地纯朴，但是法国人却拥有一种非凡的，为上述诸民族所缺乏的精神特质，那就是"灵敏"。这种灵敏对于认识中国人和中国文明是至关重要的。为此，中国人和中国文明的特征，除了上面提到的那三种之外，还应补上一条，而且是最重要的一条，那就是灵敏。这种灵敏的程度无以复加，恐怕只有古希腊及其文明中可望得到，在其他的别的地方都概莫能见。

从我上述所谈中，自然会得出这样的结论，即：美国人如果研究中国文明将变得深沉起来，英国人研究中国文明会变得博大起来，德国人研究中国文明会变得纯朴起来，而美、德、英三国人通过研究中国文明、研究中国的古籍和文学，都将由此获得一种精神特质，即灵敏。至于法国人，如果研究中国文明，他们将由此获得一切——博大、纯朴、深沉和较他们目前所具有的更完美的灵敏。

所以我说中国人是地球人的楷模。这样的国家和人民，值得我们去爱。作为好公民，在中国，首要的衡量标准是爱国。

岳母在岳飞背部刺字——"精忠报国"是家喻户晓的故事。"国家兴亡，匹夫有责。"爱国主义教育在中国源远流长。

"王师北定中原日，家祭勿忘告乃翁"，陆游"大一统"的爱国情结，仿佛是中华民族的遗传基因，中国人不会容忍侵略，不会容忍台独、藏独、疆独，为了国家统一，中国人牺牲百万、千万人亦在所不惜。

中美撞机事件和中国大使馆被炸事件之后，中美关系陷入建交后的最低谷，澳大利亚一个组织对来自中国的新移民和具有移民资格的中国留学生做过一个调查："假如美国入侵中国，你会怎样？选择答案有三：第一，置身事外；第二，捐款捐物，支援中国抗美；第三，回国参战。主办方预测：置身事外应该是主流，千方百计地出国图发展，好不容易成为澳洲新移民，他们会庆幸自己拥有这样的身份，免受战火之灾；有民族主义倾向的中国人，会为中国抗美捐款捐物，但人数不会多，因为他们并不富裕；回国参战的人应该是极少数：首先，参战有生命危险，其次，他们已经是或可以是澳洲公民，没有保卫中国的义务；其三，他们本来就不愿做中国人。但调查结果与主办方的预判截然相反，绝大多数人毫不犹豫地选择回国参战。

《环球时报》驻日本特约记者报道：日本共同社（2015年3月18日）报道称，总部位于瑞士苏黎世的盖洛普国际调查联盟当天公布一项国际舆论调查结果。针对"是否愿意为国而战"这一问题，参加调查的64个国家和地区中，日本以11%排名倒数第一，而摩洛哥和斐济则以94%的比例高居榜首。另外，中国为71%，俄罗斯为59%，美国为44%、韩国为42%。日本媒体称，这个调查结果令最近猛踩战车油门的安倍政府颇为尴尬。

二、敬业

敬业，就是有责任心，努力工作，有奉献精神。

金钱的重要性无需多说，但要获得金钱，作为一种前提条件，可以用两个字高度概括：舍得。

舍得一词出自佛家，为什么叫"舍得"，不叫"得舍"？先有舍后有得，舍是因得是果，它表示两者之间在时间上的先后顺序与因果关系。

　　一次，子贡请教孔子："老师，普通老百姓该怎样生活？"孔子说："应该像土地一样。"子贡不明白。孔子说："土地，你挖掘它就能得到甘泉，在土地上种植就会有收获，草木繁殖，鸟兽得到养育，人活着的时候在它上面，死了埋在它下面。它奉献很多，养育了万物却不居功自傲。所以说做老百姓就应该如同土地一样。"子贡说："我虽然不聪慧，但一定会按你教诲的去做。"

　　老子说："天长地久，天地所以长且久者，以其不自生，故能长生。是以圣人后其身而身先，外其身而身存，非以其无私邪？故能成其私。"翻译成现代汉语就是：

　　天长地久，天地所以能够长久地存在，是因为它不是为了自己的存在，所以才能长久地存在；因此有智慧的人把自身的利益放在其次，才能首先得到自己的利益，不怕死才有生的机会，难道人没有私心？只有无私奉献才能达到自身的目的。

　　佛教、儒家、道家世界观不尽相同，但对舍与得的关系见解高度一致，正所谓智者所见略同——有智慧的人看法大同小异。为什么不是傻瓜所见大同小异？因为有智慧的人能够认识到事物的本质规律，事物的本质规律不会因人而异；傻瓜认识不到事物的本质规律，所以看法五花八门。

　　某企业有名员工感觉自己奉献多收获少，想加薪但不好意思跟老板明说，用艺术手法婉转地表达诉求——在大茶杯上贴上四个红字：我要加薪。每周例会上，老板讲话时，他就拿起茶杯喝茶，声音响亮动作夸张，意在引起老板注意。次周例会，老板也带了一个大茶杯，发表讲话时，那名员工又拿起大茶杯"喝茶"。员工喝完老板喝，员工发现老板的大茶杯上贴着两个红字：滚蛋！

　　高薪不是要来的，它是能力与奉献的结果。好逸恶劳是人的本性，我参加过几次人才招聘会，对此有深刻的感性认识。绝大多数人，特别是刚毕业的大学生，咨询最多的两个问题是：累不累？薪水多少？——工作轻松薪水多的工作到哪里去找？

舍后得，奉献与收获，像农民种庄稼一样，一分耕耘一分收获，简单而又深刻。绝大多数人缺乏奉献精神，注定与世俗的成功无缘，所以成功的路上并不拥挤。爱因斯坦曾感叹：世界上有两种东西堪称无限，一个是宇宙，另一个是人类的愚蠢。

有位国王萌生了一个良好的愿望，希望臣民都聪明起来，他招集全国有智慧的人编纂《智慧大全》。年余书成，洋洋数百万言，国王嫌书太厚，不利于国民学习。智者们删繁就简千锤百炼，最后锤炼成一句话：天下没有白吃的午餐。

付出与收获未必总是成正比，但这只能是"一时一事"，不可能是一生一世。就整个人生而言，付出与收获是成正比的。因为"一时一事"没有得到相应的回报就不再奉献是名副其实的因噎废食。这是个充满竞争的时代，市场竞争犹如体坛竞技，第一名获得金牌，第二名是银牌，第三名是铜牌，铜牌之后连个铁牌和纸牌都没有。付出不够等于零，即便是全心全意的付出也未必如愿，但不付出肯定不能如愿，这就是奉献的价值所在。

个人与企业（组织）、与社会互为奉献对象，老板"既想马儿跑，又想马儿不吃草"，也是缺乏奉献精神的表现。不让肯干的人吃亏，奉献者能够得到应有的回报，企业（组织）理应设立这样的一套制度，然后实施、强化，让大家做梦都想当模范员工。

三、诚信

本文开头，孔子对弟子所说的"品质"主要指道德水准。随着时间的推移，"品质"的内容理应与时俱进。这里，"品质"除了原本意义的道德品质外，还包括专业技能、情商、心理素质等。"品质"决定人生价值，其理古今相同。

《说文》曰："诚，诚实的语言，信也，从言成声；信，诚也，从人从言，会意，言为心声。"诚信，可分开来说。

1. 诚

什么是诚？诚实、老实、忠诚。好多人对诚的认识止于概念，浅尝辄止，不求甚解。对诚的深刻认识与理解，有助于我们提升人格境界，提升识别人的能力。下面我用"典型的"人物形象代表不同人格类型，立此为照，为有心人提供"方便之门"。

之一，宋人嫁女。

宋国有个人在女儿出嫁的时候，嘱咐女儿："你出嫁了，能不能和夫婿白头到老还很难说，你婆家富裕，你一定要多攒些财物，万一将来被人休了，再嫁也就不愁没嫁妆了。"女儿牢记父亲的教诲，一有机会就私藏财物，然后送回娘家。婆婆发现了她的行径，非常生气，想当然地认为她没打算和儿子白头偕老，遂将她逐出家门。

不老实容易识辨，虚伪如同假币，欺骗不能长久，"聪明反被聪明误"实为金玉良言。

之二，国王的仆人。

中东有一位国王喜欢吃茄子，说茄子味道好极了。国王的仆人说：陛下，世界上没有比茄子更好吃的东西了，茄子不仅味道好极了，颜色也美——白里透紫，紫里透白；造型更美——不长不圆，恰到好处。一天国王茄子吃多了，犯恶心，说：茄子太难吃了！仆人说：茄子不光难吃，颜色也难看——白不像白，紫不像紫；形状怪异——长不像个长，圆不像个圆。国王说：以前你不是这样说的。仆人说：陛下，我是你的仆人，又不是茄子的仆人，干嘛替茄子说话？

仆人忠诚，但没原则，无是非观，做仆人倒也称职。

之三，财主卖毛驴。

一个财主想牵毛驴去赶集，毛驴躺在地上怎么拉也不起来。财主咬牙切齿地说："你再不起来，我向菩萨发誓，明天一块钱就把你卖了。"任凭财主怎么拉怎么打，毛驴就是不起来。第二天，财主去卖毛驴，一头毛驴可卖五十块，一块钱卖掉亏大了，他内心十分不情愿，满腹抱怨：菩萨啊，我真诚信奉你，你昨天怎么就不让毛驴起来呢？说起来也怪我，不起来就算了，我干嘛向菩萨发誓一块钱就卖？该死的毛驴！昨天怎么就不起来呢？突然，财主想到家中还有一只猫：又老又瘦又瞎，留着没用，不如把它也卖掉。到了集市，财主吆喝："卖毛驴喽，一块钱就卖！"一个小伙子递给财主一块钱。财主说："要买毛驴，必须把这只瞎猫也买下。"小伙子问："瞎猫多少钱？"财主说："九十九块。"财主的毛驴显然卖不出去，财主牵着毛驴回家："小气鬼们，一块钱都不买，不买我们回家。"

财主认为自己没向菩萨说假话，其实不然，他的行为是"实质性违反"——实质上说了假话。每个人都能为不诚实找到借口，自欺欺人。

之四，员外的儿子。

一个员外，家有三子，他先后请了三个私塾先生教儿子们读书，但没有一位先生能让他三个儿子从一数到十。三任私塾先生知难而退。望子成龙的员外高薪招聘名师。一日，有名师前来应聘。员外喜出望外，把三个儿子叫到私塾学堂，向名师介绍道："老大，十三岁；老二，十一岁；老三，九岁。"名师点点头，对员外说："让我先考考他们再说。"名师与员外坐在太师椅上，三个儿子在面前站成一排。名师问老大："一双手几个手指头？"老大说："不知道。"员外扇了老大一个耳光："混账！"名师额首道："孺子可教，实话实说。"遂问老二："一双手几个手指头？"

老二答："一只蛤蟆两只眼。"员外说："混账！谁问你蛤蟆几只眼了？"老二说："老师为啥不拣我会的问？"名师道："孺子可教，肯动脑子。"继而问老三："一双手几个手指头？"老三数手指头。员外喝道："不许数手指头！把手放到裤裆里！"老三把手放到裤裆里，发现放在裤裆里依旧可以数："一、二、三、四、五，这儿还有一个，差一点数漏了，六、七、八、九、十、十一，十一个！"老三兴奋地回答。

这哥仨全是笨蛋。好多笨蛋、不学无术、无一技之长的人以老实人自居，所以才有"老实是无用的别名"一说，老实人的名头被盗用了。

之五，伪诚之诈。

"伪诚之诈"是阴谋家、"两面人"玩的把戏，城府之深深不可测，故而不惜笔墨，不厌其烦地予以剖析。

秦桧当权时，各地官员纷纷向他赠送名人字画奇珍异宝。广州镇守方滋德派心腹赠送用香料特制的蜡烛去临安宰相府，心腹给宰相府管收藏的小官许多好处，请他务必让秦桧知道广州镇守的一片"诚意"。

晚间，得到好处管收藏的小官点燃了方滋德送的蜡烛，清香四溢，沁人心脾。秦桧感到心旷神怡，问小官："谁送的蜡烛？"小官说："是方滋德送的蜡烛，共四十九根。"秦桧不解："要么送五十根，要么送一百根，怎么会送四十九根？"小官回答："送蜡烛的人说，镇守方滋德一共做了五十根，做好后点一根检验效果，结果就剩四十九根，方滋德不敢以次充好，只送来四十九根。"秦桧听了很高兴，认为方滋德对他忠诚。稍稍往深处想一想就能想明白：这个香料一定很珍稀，不然怎么可能只做了五十根？方滋德家不可能点这种蜡烛，他把珍稀的蜡烛全给了自己。

其实，方滋德家点的全是这种蜡烛。方滋德苦心做了一个"局"，目的就是给秦桧制造他最忠诚的印象。心机之重，"机械"之深，让人不寒而栗。

《道德经》里有一句话："智慧出，有大伪"（大伪者，今所谓两面人）。人有了智慧，如果缺乏高尚的道德品质，"大伪"就出现了，"厚黑学"就产生了。方滋德的把戏是"伪诚之诈"——假装诚实内心狡诈。伪诚之诈有"大伪"的人才玩得转，智者才看得破。一旦被看破，"大伪"就成了弄巧成拙。"伪诚之诈"，最终摆脱不了聪明反被聪明误的轮回和天意。

事实上，很多人不像他自我感觉那样精明，往往是自作聪明，他人也不像他想象的那样愚蠢。人的智商差不到哪里去，一时被蒙蔽，事后多想想就明白了，永远想不明白的是糊涂人。蒙蔽糊涂人有什么意思？《镜花缘》中的百花仙子喜欢和"屎棋手"对弈，"杀屎棋以作乐"，蒙蔽糊涂人除了作乐之外还有什么作用？

欧阳修《归田录》卷一记载：

宋代宋真宗曾紧急召见鲁宗道，近侍到了鲁宗道家，等了好久，鲁宗道才从集市上喝酒回来。近侍需要先回宫禀报皇上，他问鲁宗道：如果皇上责怪你来迟，以何为借口，请先告诉我一声，免得口径不一。鲁宗道回答：请如实回报。近侍说：那样的话，你会被治罪的。鲁宗道说：喝酒是人之常情，而欺君则是做臣子的罪过。近侍回宫后如实禀报皇上。鲁宗道见皇上实话实说。宋真宗完全可以想象到，鲁宗道有编造一个天衣无缝逃避责任的理由的能力，但是他没有编。宋真宗从鲁宗道的过失中，看到了他忠诚纯朴的人格，他没有治鲁宗道的罪。

巧伪不如拙诚，不妨再说一例：

宋太祖赵匡胤还在周世宗手下时，曹彬任周世宗近侍，主管茶酒事务。一次赵匡胤向他要御酒喝。曹彬说：这是官家的酒，不能给你喝。曹彬自己掏钱买酒给赵匡胤喝。赵匡胤当上皇帝后，曾对众臣说：周世宗手下不欺主的惟曹彬一人。赵匡胤十分信任曹彬，并予以重用。

一个人自然流露出的品行才是可靠的，刻意做出来的都值得推敲。

2. 信

孔子说："君子信，而后劳其民。"韩非子说："小信成则大信立，故明君主立于信。"老子说："信不足，有不信焉"。《吕氏春秋》记载："天曰顺，顺维生；地曰固，固维宁；人曰信，信维听。三者咸当，无为而行。"儒家、道家、法家、杂家，把信的作用推到了极致。下面以史说法。

之一，许而不与。

宋太祖赵匡胤在石守信等众将拥戴下陈桥兵变，而拥有周氏天下，"速成"皇帝之后"杯酒释兵权"，虽尊为皇帝，但市井之气未改，常信口许愿，而不兑现，以致朝中颇有怨情。

南齐张融博学多才，后宋灭十国，太祖得之，曾对人说："此人不可无一，不可有二。"一次赵匡胤与张融谈话，一时高兴许张融为司徒左长史。张融很高兴。但几个月过去赵匡胤并不兑现，张融知道他老毛病又犯了。清明，文武百官踏青，张融骑一匹老马，骨瘦如柴，风吹打摆，敲骨有铜音。赵匡胤问："卿马何瘦？食粟几何？"张融忙答："日给粟一石。"赵匡胤不解："食粟不少，何瘦如此？"张融说："臣许而不与？"——许诺给它吃但是不给它吃。赵匡胤汗颜，次日封张融为司徒左长史。轻诺必寡信，不守信用就会失去公信力。守信可能会受一时之损，不守信可能会获一时之益，但从长远来看，就整个人生而言，守信利大于弊。

之二，晋文公伐原。

君子以"一时之损"而获得长远的利益，晋文公伐原是个很典型的案例。晋文公讨伐原国，发兵前和将士们约定以七天为期，过期不再让官兵们辛苦。可是七天没有攻下来，晋文公果断下令撤军，将士们都请求再稍等一刻，马上就会攻下来。晋文公说："守信用是珍宝，我为得原国而失去珍宝，绝不可以！"第二年发兵前和将士们约定，一定要攻克原国。原国人听到了这个消息都很泄气：与其被攻破，不如投降。原国不战而降。毗邻原国的温国得知这个消息，晋国拿下原后接下来肯定攻打温国，也自动归降了。晋文公不费一兵一卒拿下两个国家，体现了诚信的力量。

之三，尾生抱柱之信。

史书有"尾生抱柱之信"，尾生是著名的讲信用的人，他与一村姑相约在山沟的某一架木桥下见面，不见不散。尾生早早来到桥下，站在木桥桩边等候。这时天降大雨，村姑没来。山沟水势暴涨，尾生抱着木桥桩，宁肯淹死也不肯上岸——他信守承诺，不见不散。

如此走极端显然不足取。当此时，尾生应抓紧爬到岸上去。诚信是原则不是教条。"世称君子之德，其犹龙乎，贵以其善变也，龙曲伸变化，形无定体，可以飞升，可以潜藏，为云为雨，翻覆无穷。"——懂得变通，具体问题具体分析。但又不能把"具体问题具体分析"当作不守信的托词。

上面我们论述诚信利大于弊，在人际交往中，我们会遭遇到不讲诚信的人，与不讲诚信的人打交道讲诚信常常会吃亏——弊大于利，该当如何？是否应当"以毒攻毒"不讲诚信？答案是否定的。这是个"千年困惑"，这个问题下面我有专题论述。

四、仁爱

仁爱诚信是人格，也是大智慧。

何谓仁？仁者，爱人。

"孔子之劲，能拓国门之关，而不肯以力闻"（《列子》）；"孔子之劲，枸国门之关，而不肯以力闻"（《淮南子》）；"孔于之劲，举国门之关，而不肯以力闻"（《吕氏春秋》）。"拓""枸""举"，都是指打开。这三句文言翻译成现代汉语："孔子的力气，可以把坚固国都的城门打开，但从未听他有过炫耀。"当然，孔子所到之处，并不需要他去打开坚固的城门，因为他受欢迎，他到哪里，那里的人就自动地把城门打开迎接他。

这众口一词的提法，无非是为了论述人格因素受人尊崇，仁德胜于智力。孟子曰："仁者无敌"，——没有什么力量比仁爱的力量更为强大。"仁者无敌"应该是人类向善的大方向，是行为准则，如果把"仁爱"推向极致当作以不变应万变的教条和策略是迂腐和有害的。中国先秦的政治实践，博弈论中"N次同步博弈"理论都可以证明这一点。

1. 爱当所爱

女儿七八岁时，我家住在一楼，距家不远有个小公园，公园里有许多不怎么珍稀的小动物——老鼠。老鼠经常光顾我家，为此我们做了件对不起老鼠的事，养了一只狸猫。

春节前夕，狸猫几乎是每天晚上都捕捉一只老鼠回家玩耍，直至玩死。我虽然不是猫，但是我能感受到猫戏老鼠的乐趣；不是老鼠，但我能感觉到老鼠的绝望与恐惧。孟子云"恻隐之心人皆有之"，我不知是哪根筋错位，对老鼠动了恻隐之心：春节将临，那个老鼠家族缺丁少口，这年还怎么过？晚上，我把狸猫关在我们的房间里，跟我们一起看电视，不让它去小公园。我的行为得到了女儿的高度赞誉。次日晨，我还在梦中，妻子大呼小叫："起来！快起来！"我坐起来问："什么情况？"妻说："老鼠把厨房里的鸡块、带鱼全偷走了！"我坐在床上神游八极。妻问："发什么愣？"我回答："我想到了一个历史故事。"妻说："有病！"

我确实想到了一个历史故事：

宋楚泓之战，宋襄公为示仁义，等楚军全部渡过河之后才正式开战，大败而归，自己也因腿伤而亡，成为历史笑柄。

对小老鼠仁慈，鸡和鱼被盗；对敌人仁爱伤及自身。道德本身存在着许多悖论，教条和走极端是主要表现形式。爱，要爱当所爱。

2. 爱，就把它说出来

某先生欲竞选村长，写一篇演讲稿，天天在家演练。演讲稿情真意切，感人肺腑，夫人女儿听了，感动得泪水涟涟。

竞选前夕，先生一家人吃了饭早早休息，养精蓄锐，迎接次日竞选。深夜，女儿睡不着，她关心爸爸的竞选。她在想爸爸的演讲还有那点不够完善，想来想去，终于想到爸爸在试讲时，时不时地拉拉裤子，爸爸才买的新西装裤子太长，于是女儿悄悄起床，将爸爸的西装裤子拿出来剪了一截，缝好，熨烫后才安心睡去。妈妈也睡不着，她像女儿一样，想到了先生西装的裤子太长，于是也悄悄起床把先生裤子拿出来，改短后才继续睡觉。某先生睡醒，也想起了裤子太长，但也不忍心叫醒妻子女儿，他自己动手将裤子又剪去一截。

可以想象某先生的裤子像裤头一样。他穿着这条裤子登上讲台，台下听众哄然大笑，某先生镇定自如地说："诸位，今天看我穿这条裤子好笑是不是？这条裤子会变成这样是因为我的女儿爱我、太太爱我，我也爱她们，但是因为我们都把爱放在心里，才会出现这条裤子。因此，今天我演讲的题目是'爱要把它说出来'。"

爱，不说出来，不表现出来，就可能会出现误会误解。

3. 爱在细微处

让我们一起来欣赏苏联作家卡沙耶夫的短篇小说《纽扣》。

瓦西里·维克多罗维奇·切尔内舍夫——这个名字太长，我们姑且称他为"老切"。老切正在办公室用计算器记录苍蝇的数目，他数了一身汗，想解开西装上衣，忽然想起衬衣上掉了一个纽扣，在西服里别人看不见，敞开怀让同事们看见成何体统？哪像个总经济师？

切尔内舍夫为此很苦恼，思绪纷呈：

哼！什么老婆？！冷若冰霜没有心肝的女人。在一起 15 年了，连个扣子都不给钉。这个纽扣掉了大概八年半了，要是不告诉她，起码穿二十年缺扣子的衣服！我整天像一头牛似的工作，可她连个扣子都不给钉，她对我一点感情也没了，她不关心我的事业，也不愿与我同甘共苦……这些全得忍着，哎！我这一生真是倒霉透了。

切尔内舍夫伤心极了。烦燥起来，不知不觉地解开外衣，这时他猛然看见，八年前缺扣子的地方现在竟然给缝上了一个扣子。切尔内舍夫不敢相信，他摸了摸扣子，又对着灯光看——嘿！真是扣子，且不是做梦。切尔内舍夫深受感动，内心十分惭愧："我还算人吗，坏蛋！多么好的妻子啊！结婚 15 年了，直到现在还掂记着我的每一个扣子。要知道她也总是没日没夜地干活，她的工作比我更劳神，而且全部家务全落在她肩上，可怜的人啊！我连个扣子都不会钉，笨蛋！没心肝的暴君！"

切尔内舍夫抽了一下鼻子，把手伸进衬衣掏手帕，然而掏出来的不是手帕，而是一卢布钞票。他几乎惊得失去知觉，待恢复常态，闭上眼含情脉脉地回忆起自己那体贴入微的爱妻的脸蛋来，然而，绞尽脑汁也只想起她鼻子的模样，别的部分都想不起来了。他惭愧到了极点，对这样一位崇高的女性，居然还把她想得那么坏，小人！

他几乎流下泪，一心要做点使妻子高兴的事。他取出了自己攒的 37 个卢布的私房钱。花两个卢布买了束鲜花。他抱着鲜花兴冲冲地回家，那 35 个卢布在口袋里嗦嗦作响，好像自己要从口袋里蹦出来。回到家，他捧着鲜花送到妻子面前，掏出 35 卢布的钞票，腼腆地对妻子说："亲爱的，这花是给你的，这钱你拿去买想买的东西吧！假如钱不够，那我……就劝你买别的，便宜些的……"

妻子被这意外的场面弄得愣神了，她站着不动，不知说什么才好。切尔内舍夫的岳父出来给解了围，他说：切尔内舍夫，你是怎么搞的？今天怎么把我的衬衣穿走了？我的那件比你的要大两号，难道你没感觉出来？你的衬衣我就套不进去，还给你吧，说着把同样一件衬衣递给切尔内舍夫。

切尔内舍夫瞅瞅这衬衣，上面正缺一个扣子。总经济师的脸立即沉下来，把鲜花和卢布一古脑掖在怀里，然后一声不吭走进里屋去了。这时他独自想着：好一个可爱的女人，就算你累得筋疲力尽，也该把扣子给丈夫钉上啊！不管怎么说，我同她在精神上毫无共通之处，一丁点也没有！现在我算看清楚了，跟她结婚是犯了一个大错，唉！多大的错误啊！

一个小小的纽扣，钉与没钉，两种截然不同的心情和行为。

已经结过婚的女士，赶快回家检查一下老公的纽扣，如果有纽扣掉了，自然应该马上钉好，即使老公的纽扣一个不少，也不是无事可做。每个人都有许多地方需要关照，如果不知道该关照什么，是由于我们忽略了对方，不是不存在。

4. 己所不欲，勿施于人

"己所不欲，勿施于人。"——自己不情愿的事，不要强加于别人。倘若是自己情愿做的事，可否强加于别人？

李复言《续玄怪录》有一故事：

李靖某日打猎，无意中闯进了龙宫。玉皇大帝命龙子行雨，而龙子不在，时间紧迫，天命不可违，龙夫人请李靖帮忙，郑重强调："各处只能滴雨器中的一滴水，绝对不能过量。"李靖说一定遵命。李靖行雨，来到一个山村。他打猎时经常在这个山村休息，村中一位老翁待他很好。李靖知道，这一带最近天旱得厉害，决定报答一下他们，于是自作主张地滴了二十滴水。李靖骑马归来，龙夫人大哭道："为什么失误到这种地步？本来说好只滴一滴，为什么你滴了二十滴？天上这一滴就是地上一尺深的雨水啊！这个村庄在半夜，下了两丈深的雨，还会有人吗？"

李靖是个有良心、爱心、知恩报恩之人，但是他的这番好意却导致灾难性的后果。在现实生活中，光有爱心和善意是不够的，而应该考虑善意引起的后果。"己所不欲，勿施于人"不仅针对人的恶意，针对善意也应如此。把良好的愿望强加于别人，这是我们司空见惯的事，这种好心办的坏事，甚至比不良用心导致的恶果还严重。因为用心是好的，出现悲剧性的结果也就可以成为开脱的理由。"所以，我们在"己所不欲，勿施于人"的同时，恪守"己所欲，亦勿施于人。"

五、以直报怨

仁爱诚信是人格魅力，是人性的光辉，是进德修业的核心，当我们修炼成为好人、好公民，是否意味着在人际互动、市场博弈乃至国与国的博弈中不论对象及善恶，时时处处讲诚信献爱心？——这个问题的本质是"怨德之报"，这是中国传统伦理中一个古老的命题。以德报怨，冤冤相报，以直报怨，是三种具有代表性的态度与对策。

在继承优秀民族文化的大背景下，以德报怨被有些人视为宽容仁爱予以弘扬。《道德经》和《论语》中都出现过"以德报怨"，但它既不是老子也不是孔子提出的命题，有学者认为以德报怨是道家思想，也有人说是儒家思想，在我看来，既不是道家，也不是儒家。

"以德报怨"不合于道家思想。《老子》通行本第六十三章有"大小多少，报怨以德"之说，但第七十九章"和大怨，必有余怨；报怨以德，安可以为善！"意思是：和解大怨，必然仍有余怨，如果以德来和解怨（报怨），不是妥善的办法！——这是对"以德报怨"的否定。

"以德报怨"也与儒家的思想不合。"直道"是孔子所坚持的一贯处世原则，在怨德之报的问题上，孔子主张"以直报怨，以德报德"。对于仇怨，孔子主张要加以分别再作爱憎取舍，不能无原则、无区别糊里糊涂地以恩德去回报。李泽厚说："以直报怨，以德报德，这一重要的孔门思想是儒学不同于那种以德报怨，舍身饲虎、爱敌如友等宗教教义之所在，也正是实用理性的充分表现。"

以德报怨，在一定的程度和范围内——"怨"属于伦理范围内，且处在温和状态，这时以德报怨不失为一种选择。比如他向你翻了一个白眼，你向他微笑一下，这样的以德报怨具有积极的作用和价值。他向你翻一个白眼，你也向他翻一个白眼，这就是"以直抱怨"。当人们之间的仇怨超出道德调整范围，触及了法律，以德报怨则违背了基本的人情事理。"以怨报怨"、以暴制暴只能使怨恨加剧，矛盾激化，会让彼此陷入恶性互动。究竟该怎么办？孔子给出的答案是"以直报怨"——秉承宽容、正义、理性的态度予以处理。但这些概念太抽象，"只可意会，不可言传"。要清晰、准确地把握"以直报怨"的真意，有必要了解一点博弈论。在我看来，博弈论中"同步N次博弈"策略中的"一报还一报"，是对孔子"以直报怨，以德报德"的完美解说。

"以直报怨，以德报德"与博弈论中的"一报还一报"，一古一今，一中一外，看似风马牛不相及，实则完全一致。

1. 囚徒困境

1950年，数学家塔克任斯坦福大学客座教授，他给一些心理学家演讲时，用两个囚徒的故事，将当时专家们正在研究的一类博弈论问题，作了形象的解释。之后，类似的问题便有了一个专门的名称——"囚徒困境"。

借着这个故事和名称，囚徒困境广为流传，在哲学、伦理学、社会学、政治学、经济学乃至生物学等学科领域，得以广泛的运用。

所谓囚徒困境大意是这样的。

甲乙两个人携枪作案，被警察发现抓了起来。警方怀疑这两个人可能还犯有其他罪行，于是分别进行审讯。警方申明：主动坦白从宽，抗拒从严。当然，如果两个人都坦白，就无所谓主动坦白了，依照法律相关条例量刑——这当然比顽抗到底要轻。在这种情况下，每个囚徒都有两种选择：一是坦白交代，与警方合作，背叛同伙；一是沉默，不与警察合作，与同伙合作。这样就会出现以下几种情况（为了更清楚地说明问题，我们给每种情况设定刑期）：

如果两个人都不坦白，警察只能认定两个嫌疑犯没有犯其他罪，而以非法持枪罪判两人有期徒刑各1年；如果其中一个人招供，另一个人不招，坦白者作为证人免于起诉，另一个人从严惩处，判15年；如果两个人都招供，各判10年。

甲乙两个人该怎么做？选择相互合作还是相互背叛？按理说，他们应该合作，保持沉默，因为这样他俩能得到最好的结果——只判1年。但他俩不得不仔细考虑对方的可能选择。假设甲乙两人都是理性的、自私的（这是西方文明的本质与根本谬误），他们只关心自己的刑期，不在乎对方死活。

甲会这样推断：假如乙不招供，我招供，马上可以获得自由，而不招却要坐1年牢，显然招比不招好；假如乙招了，我若不招，要做15年牢，招了只坐10年牢，招了还是比不招好。无论乙方招与不招，甲都选择招供。

自然，乙方也会作如此推理。

于是甲乙两个人都选择招供，招供这是本问题的唯一平衡点。这一平衡点，按博弈论的说法叫"纳什均衡"。在这一点上，任何一方单方面改变选择，只会得到更差的结果。就是说，无论对方怎么做，你选择背叛总是好的。

囚徒困境是对普遍存在的一类困境的抽象。在这类情形中，从个人的角度来说，背叛是最好的选择，但双方背叛会导致双输的结果。在囚徒困境中表现最好的策略直接取决于对方采取的策略，独立于对方所采用策略之外的"最好"策略是"纳什均衡"。

什么是纳什均衡？在一组策略中，给定你的策略（你的策略已定），我的策略是最好的；给定我的策略（我的策略已定），你的策略也是最好的。双方在对方给定的策略下，都不愿意调整自己的策略。

博弈追求的结果是均衡，并不是对参与者最有利的结果，更不是对社会最有利的结果。

囚徒困境中的纳什均衡点是两个人都选择招供，亦即相互背叛，背叛总是好的。这是个让人泄气、寒心的结论。我们如何看待这个结论？它是否可以作为我们行动的指南，对我们的人生有什么作用？

囚徒困境是一次性博弈，在一次性博弈中，"背叛"比"合作"有好处。这可以用来解释，火车站、旅游景区为什么假货多、骗子多。

N多年前，我在上海火车站等车，在"鲜肉大包"店卖了两个大包子。咬一口，没咬到馅，又咬一口，咬过了。我扒开第二个大包，其中有一个麻雀蛋大小黑乎乎的球状物。我问卖"鲜肉大包"的女士："馅这么小，能叫鲜肉大包吗？"答："鲜肉大包是我们的品牌，它的特色是皮比较厚。现在人营养过剩，只有穷人才吃肉多的鲜肉大包。"我无语，暗暗发誓：再也不吃这"鲜肉大包"了。

我不吃，吃的人大有人在，过往的乘客不知道"鲜肉大包"皮厚的特色。

"鲜肉大包"经营者，与乘客只打一次交道，"背叛"可使利润最大化。但，这不意味着经营者就应该"背叛"。

这个案例给我们的启示就是：与人打交道，尤其是只打一次交道，害人之心不可有，防人之心不可无，要提高警惕，小心上当受骗。

倘若，"鲜肉大包"店开在一个小区、或者小镇上，前来买"鲜肉大包"的都是小区、小镇的居民，结果会怎样？店很快会倒闭！

由此看来，要长久打交道——进行"N次博弈"，"背叛"就不是最佳选项。那么，在N次博弈中，最佳决策是什么？——结论一句话即可概括，但要深刻理解、认同，必须了解"囚徒的救赎"。

2. 囚徒的救赎

为验证面对囚徒困境时人们可选择的策略及其有效程度，美国学者组织了一次以此为主题的计算机竞赛。要求参赛者根据囚徒困境设计程序，并输入计算机，利用程序与其他程序进行博弈，根据得分状况评判策略优劣。

竞赛规则是：游戏的双方都有两种选择，合作与背叛，同步进行——也就是双方选择策略时不了解对方的选择，并多次进行博弈——姑且称这个游戏为"同步N次博弈"。双方的选择可产生四种结果：合作、合作；合作、背叛；背叛、合作；背叛、背叛。如果双方都选择合作，各得3分；一方合作，另一方背叛，背叛者得到"对背叛的诱惑"5分，合作者则得到"给笨蛋的报酬"0分；双方都背叛，各得1分，即"对双方背叛的惩罚"。

参赛者设计的程序，大体可分为"善良的""邪恶的""随意的"三种。你用既定的策略和足够多的人博弈，竞赛结果是："善良的"即以合作为主的策略大获全胜，"邪恶的"的策略——以"背叛"为主的策略成绩最差。隶属于"善良的"策略的"一报还一报"，获得了"伟大的胜利"。下面我们来分析这一策略。

一个人采用每一次都背叛的策略，另一个人采用的策略是"一报还一报"，即在第一步合作，然后采用对方上一个回合的选择，对背叛与合作都给予回报。"总是背叛"的人，在第一次博弈中得到高分——5分，在此后的博弈中，都得到相应的回击。这样，背叛者除了在第一次博弈得到5分，以后每次都得到1分，最终可能战胜对手，但分数很低。与足够多的对手博弈，每一局分数都很低，总分自然很低，最终被淘汰出局。

在"同步N次博弈"中，"一报还一报"策略取得"伟大的胜利"原因是它综合了清晰性、善良性、报复性、宽容性：

（1）清晰性："一报还一报"的可能性是显著的，博弈对象能够预想到它的存在，它被设计得很好相处，与它很好相处的好处显而易见，要和它很好相处就要与它合作。这反过来帮助了"一报还一报"。

（2）善良性："一报还一报"不首先背叛，放弃占别人便宜的可能性，降低了因背叛激怒对方遭到连续反击而不能单方面解脱的风险。

（3）报复性："一报还一报"一旦遭遇"背叛"，接着就反击、惩罚对方，不可欺负性就显现出来，对方不想两败俱伤，只能与它合作。

（4）宽容性：即使对方"背叛"，如果反击之后，对方认识到你不可欺负而选择与你合作，你抛弃前嫌以"合作"回报，这是"一报还一报"的宽容性。宽容性有助于恢复合作。

"一报还一报"的成功为我们提供了许多有益的启示。

首先是不要嫉妒。

人们习惯于考虑零和博弈，一个人赢，另一个人就输。譬如下象棋、打麻将。但生活中大多数情况都是非零和博弈，可以是双赢，也可能是双输。

人们倾向于采用相对的标准，把对方的成功与自己的成功进行比较。这种标准导致了嫉妒，嫉妒导致企图抵消对方的优势。在囚徒困境的情形下，抵消对方的优势只能用背叛来实现。但背叛导致更多的背叛，双方陷入恶性互动，都受到惩罚。因此，嫉妒是自我毁灭。

要求自己比对方做得更好不是一个很好的标准，除非你的目的是消灭对方。在大多数情况下，这个目的不可能实现。

在"同步 N 次博弈"中，"一报还一报"比其他策略表现好，赢得了竞赛，赢在平均分上。但是"一报还一报"从来没有在任何一场比赛中得分比对方高。因为它不首先背叛，背叛次数不可能比对方多，所以"一报还一报"得分要么和对方一样多，要么就比对方略少。"一报还一报"赢得竞赛不是靠打击对方，而是"软硬兼施"引导、迫使对方与自己合作。

因此，在一个非零和的现实社会中，不必非要追求比对方做得更好，只要自己好就可以，没必要嫉妒对方的成功。因为"同步 N 次博弈"中，其他人的高分（成功）是自己高分（成功）的前提。

其次是不首先"背叛"。

竞赛结果表明，"善良的"比"邪恶的"表现好，印证了孟子的"仁者无敌"。"仁者无敌"是人类社会发展的大趋势，历史上，暴秦二世而亡，德国纳粹与日本军国主义的失败，正义战胜邪恶，概莫能外。"不首先背叛"是"善良的"，它对规避冲突、引导合作具有重要作用。在现实生活中，不"背叛"才有合作者，没人愿意与你合作就失去了成就事业的可能性。

第三是对"合作"与"背叛"都要给予回报。

对方合作，你也合作，双方合作形成理想的共赢格局；对方背叛，你也背叛——对背叛者的背叛不是邪恶，不回击，对方就可能得寸进尺。"一报还一报"目的在于迫使、引导对方与你合作。

第四是不要小聪明。

复杂的策略跟随机的、没有策略差不多，竞赛的结果表明，复杂的策略并不比简单的"一报还一报"表现好。狐狸尾巴总会露出来，要小聪明终究摆脱不了聪明反被聪明误的宿命。

由此观之，"仁者无敌"不是空洞的道德说教，它反映了社会发展的趋势，它的正确性在博弈论中得到了印证。

博弈论中的"一报还一报"，就是孔子的"以直报怨，以德报德"。

六、君子慎独

那是个容易记住的日子——中秋节。

我骑自行车过斑马线，只听一声刺耳的急刹车，我感觉脑后突然袭来一阵强劲的风，刹那间我的脑海里一个闪念：完了！与此同时，本能地抓紧自行车把向右猛一转，感觉到了一股巨大的撞击力——我与自行车一齐飞起来——我体验到了飞翔的感觉，我意识到了自己没有被压在车轮下面。苍天垂怜，命不该绝！落地的瞬间，第一次感觉到大地是那样的亲切与安全。自行车压在我的身上，我右侧先落地，人与自行车在沥青路面上滑动了大约五米远。这时，伤与不伤，伤到什么程度都显得微不足道，关键是我还活着！我站了起来，——居然还能站起来！我活动活动腿，我的天！腿居然没骨折！我活动活动右胳膊，我的天！胳膊居然也没骨折！也就是说我的一切完好！只不过衣服磨破了，衣服破了算什么？只不过腿上磨破了皮流出一点血，人有造血功能，流点血怕什么？身体用不着几天就可以把它造出来，完全可以忽略不计！

司机从驾驶室中跳下来，惊惶失措："怎么样？！要不要去医院？要是不用的话……我赔你钱……1000元！"

这时我已缓过神来，知道愤怒了，我瞪着司机，咬牙切齿地想：1000元？3000元我都不能答应！差一点死在你的手里！我扫了一眼货车前的车牌号，只看一眼我就牢牢地记在心中。他胆敢逃跑，我就立马报案！

司机看我只愤怒不说话，紧张地说："你说怎么办吧？……你说！"

我说："你没看见我过马路吗？！"

司机说："我看前面是绿灯，没想到你会过马路。"

我说："什么？你是说我闯红灯？！"

司机连忙说："不是……是我没看见你闯红灯。"

我逼问："到底谁闯红灯？"

司机说："就算我闯的！你说吧！你想怎样，开个价！"

嗯，人挺爽快，态度还算诚恳！但就是不承认自己闯红灯……莫非真的是我闯了红灯？我开始回顾出事故之前的事，过马路的时候好像正在思考一个问题，思考什么问题？……吓忘了。

我思考问题的时候常常会走神，为此身上常常会出现伤痕，在什么时间地点碰伤、擦伤的全然不知。结婚后，妻子发现我三天两头身上有伤，先是有种种怀疑和联想，后来认定我脑子有问题，为此挟持我到市人民医院精神科看医生。医生看罢对妻子说："你要把他当作弱智儿童对待，天天提醒他注意交通安全。"以后，妻子果然把我当弱智儿童，每当出门，就交待："过马路要一看二慢三通过，宁等十分不抢一秒。记住了？"

我说："记住了。"

妻子说："背一遍！"

我说："过马路要一看二慢三通过，宁等十分不抢一秒。"

岁月如流，女儿慢慢长大了，上三年级时，妻子就不护送她上学了。早晨，女儿出门上学，妻子叮嘱："过马路要一看二慢三通过，宁等十分不抢一秒。"妻嘱咐完女儿又嘱咐我一遍，这让我感觉在女儿面前没面子。我说："一看二慢三通过都背诵十年了，已铭刻在心坎上，溶化在血液里，以后不背了。"

一晃两年过去了，本以为"病"已经痊愈，没想到今天又犯了！

我通过分析判断推理初步认定：闯红灯的是我。我是老师，像当年孔子周游列国似的到处演讲国学智慧人文修养，难道都是讲给别人听的？责任在己，却归罪于人，收别人的钱，以后再讲道德品质君子慎独还有底气？岂不成了伪君子？我对司机说："你走吧。"

"你放心，我不走！绝对不走！"司机态度坚决。

我说："莫非你还想让我赔你1000块钱？"

司机看了我半天："我把手机号留给你，万一有后遗症，你打电话给我，我绝对不做孬种！"司机硬是让我留下他的手机号，并把他的地址姓名留给我，司机是山东德州人。

一个人在独处，或在没有约束的情况下，能够自律，是为慎独。君子慎独，我窃以为是君子，感觉良好。但这种感觉就像一个肥皂泡。

次月，大学同学、好友王洪震来上海，我们一起过马路，见有人骑车闯红灯，我油然想起了上月的交通事故，我向洪震讲述了那次事故。洪震听后说："以你现在的经济状况看，你不在乎那一千元钱。假如你一贫如洗，中秋节买不起月饼，吃不起肉，老婆孩子伤心流泪，你要吗？"

我一定会要！我甚至会耍赖，向他要两千元，不给就跟他没完。我被自己的阴暗面吓了一跳。我有一定的经济基础，才有"高姿态"，贫困就可能会耍赖。"仓廪实而知礼节""贫穷是罪恶之源"是有一定道理的。那么，是否富有自然知礼节，贫穷必然衍生罪恶？当然不是！是否知礼节归根到底是文明的产物，是教育的结果。

富有知礼节易，贫穷知礼节难，富有而不知礼节，比贫穷而不知礼节层次更低。

一念之间，一步之遥，高下立判。清者自清，浊者自浊。

第八章　玫瑰情结

一、玫瑰情结

　　白天在江苏盐城讲课，次日要在丹阳讲课，所以晚上必须到达丹阳。时间已晚，汽车站已经没了去丹阳的车，只有搭出租车。宾馆服务生为我叫了一辆出租车。我把旅行箱放进出租车后备箱，然后拉开右侧前排车门，往车内一看，司机是个庞然大物，一看就不少于二百五。我问司机："到张家港需要多少钱？"司机伸出五个手指头。"50？"我问。司机说："开玩笑！50块连油费都不够，500！"我说："开玩笑！乘飞机也用不了500！打表！"司机说："打表得来回算。"我打开出租车前门，左腿刚伸进车内。司机说："到后排去！"——口气多么生硬，而且连个请字都没有，档次太低！一个有档次的人应该这么说："请到后面坐。"如果能在后面加上"可以吗？"那档次就更高。刚想到这里，我又后悔了：素质高一点，懂得使用几句礼貌用语，就看不起人了？说明档次也高不到哪里

158

去！继而又想：一个时刻知道自我反省的人，档次还会低吗？打开后排车门，只觉得眼前一亮：后排座位上还有一个人，一个女人，一个年轻漂亮的女人！她是谁？司机的老婆？不可能！一个是美天鹅，一个是癞蛤蟆，一个是天上飞的，一个是地上爬的，根本不是同一类！拼车，司机可以多赚点，可以理解，也可以欣然接受。

出租车上了高速。我闭目养神。美女问："坐后排的，贵姓？""颜。"我睁开眼看了她一眼，补充道："红颜薄命的颜。"美女向我翻白眼。我连忙换一个说法："红颜知己的颜。"美女嗔我一眼，问："做什么买卖的？"我说："老师……到处讲学"。美女释然："喔！耍嘴皮子的！"话不投机，不想跟她说了，我再次闭上眼睛。美女问："怎么不说话了？"我说："有点累，想睡会儿。"美女说："人家说男女搭配，坐车不累，你怎么会累？"我笑笑，讲了一天的课，口干舌燥喉咙痛，为了堵住她的嘴，我拿出一块巧克力，递给了美女。"呶！意大利产的，费列罗牌，相当好吃。"美女接过巧克力，说："你可是第一个送我巧克力的男人！"我说："很荣幸！"司机插话说，"没送巧克力，就没送别的？"我警告司机："集中精力驾驶！别瞎掺和。"美女说："送别的？他不说这话我还不生气！颜老师，跟你说件事，今年情人节，我问老公，情人节到了，送我什么？老公说，就送你玫瑰花吧。我听了很高兴，心想老公还算是个有情调的人。早晨出去，到傍晚才打电话回家，我在花店，给你买多少枝玫瑰花？我说，99朵。你猜他怎么说，买这么多？你知道一枝玫瑰花多少钱吗？十块钱，相当于一斤猪肉哇！我听了真生气，我说，那你就买猪肉吧！就把电话挂了。颜老师，你知道吗？二十分钟之后，他真的买了二斤猪肉回来了。你说他是不是个东西？"我随口说："不是个东西！"她气愤地说："你说他算人吗？！"我说："简直是一头猪！"吱！——司机一个急刹车。我的头撞到了前面的座位上。我忙问："怎么回事？"司

159

机瞪圆眼："你这个老师，怎么骂人？"我说："谁骂人了？我说她老公，又没说你。"司机说："我就是她老公！"我的天！我感叹："真是一朵鲜花……"本来想把这句俗话说完整，但见司机一脸杀气，话说到半截就改成："真是一朵鲜花给你采着了，你可真有眼光。"司机缓了口气，谦逊道："马马虎虎，凑合着过日子。"美女冲着司机说："这话我说还差不多，你倒凑合着过日子了。"司机说："老师，你说说看，一枝玫瑰十块钱，99朵……按一百朵算，要一千块钱！一个星期的出租车算白开了，相当于遛狗了！"这句话我听后感觉很别扭。美女忿忿地说："难道我就不值一千块钱？天天说爱我爱我，假的！"司机说："好好，好！明年情人节，我给你买200朵玫瑰，不买就不是人！"美女说："你敢！你胆敢买200朵玫瑰，我就跟你离婚！你还想不想过日子啦？房贷不还了？住一辈子毛坯房？一个开出租车的，也玩潇洒？呸！"美女的唾沫"呸"在我脸上，我擦去的唾沫，感觉手上有玫瑰花的香味。司机说："老师，你听到了吧？我是猪八戒照镜子——里外都不是人。你说我该怎么办？"我说："今年情人节买了二斤猪肉，明年情人节你买它四斤！"司机与美女不说话，我说："不说话等于默认。开车！"

出租车在高速公路上飞驰。我闭上眼睛休息。良久，美女似乎是耐不住寂寞，问："有老婆吗？"我闭着眼睛回答："有。"美女问："几个？"我说："一个。"美女接着问："明的一个，暗的几个？"我随口说："暗的也是一个！"美女仿佛找到了要找的答案："噢！两个"。我睁开眼睛，奇怪地问："哪来的两个？"美女说："明的一个，暗的一个，——两个！"我说："暗里没有。"美女说："我们萍水相逢，说说闲话，消磨消磨时间，说完就完了，承认也没关系。"我问："你干嘛让我承认？"美女说："过去，皇帝三宫六院七十二妃，有钱有势的妻妾成群。现在虽说实行一夫一妻制，可好多有钱有势的男人，因为有钱成了花心大萝卜。像我老公一样，一心一意看着老婆的，大多是不会赚钱的穷光蛋、笨蛋。会赚钱的、有钱人又会变成坏蛋。颜老师，你是笨蛋，还是坏蛋？"我谦虚说："我是个笨蛋！"美女笑着说："闹了半天，原来你是笨蛋！"我斜视美女，问："你说谁是笨蛋？"美女笑着反问："难道你是坏蛋？"——她成心划圈子给我钻。我说："你很有水平嘛！"司机扬起右手，伸出大拇指，得意地说："大学生！"美女警告司机："少给我丢人！人家说不定还是教授呢！"司机说："这年头教授算个屁！"

司机老婆划圈子给我钻，司机说我算个屁，我决定回击，我要让他们知道，教授就是教授，不是屁。我对美女说："你是美女，而且是大学毕业，完全有条件嫁给一个坏蛋，为什么会嫁给这个笨蛋？""吱——"出租车司机一个急刹车，回过头来，怒目圆睁："你说谁是笨蛋？！"我反问："你不是笨蛋，难道是坏蛋？"司机说："这是什么屁道理？"我对美女说："替我解释一下。"美女向司机扬一下手说："不懂幽默！开车！"

出租车在高速公路上风驰电掣。美女把外套脱了下来。我发现美女的内衣很薄，领子的开口比较大，美女的脖子很白，脖子下面也很白。"看！看什么看！"美女斜视着我。"我……随便看看……我觉得你的审美眼光很独特！"我岔开话题。美女一声轻叹："别提了！高中的时候我们是同班同学，他天天给我发信息，快把我烦死了！后来我考上了大学，他没考上。我想总算摆脱纠缠了。可是你知道嘛，他周一到周五做小生意，周六周日就到学校找我，小恩小惠，死皮赖脸……一不小心，上当受骗了！不是他，我就不是今天这个样子。读大学时，我们班有一位男生，家里有钱，他爸是个企业家，真心实意对我好，而且人长得像歌星，跟唱《我是一只小小鸟》的赵传一样！"我问："你为什么没嫁给他？"司机插了一句："坏蛋！吃喝嫖赌全来！"美女瞪着司机："少说人家坏话！要是他落到我的手里，我把他调教好了，他就不是今天这样！我就是贵夫人。早上遛狗；

上午打保龄球、玩潇洒；下午到咖啡馆去喝咖啡、装腔作势；晚上到美容院做美容、摆阔，而不是陪着你'遛狗'！"司机说："我又没叫你陪我'遛狗'！是你自己喜欢坐出租车，你说在高速公路上有飞翔的感觉，出租车窗是流动的风景，出租车窗帘一拉，路旁一停就是洞房。""闭嘴！"美女骂道："笨蛋！"司机闭了一会嘴又忍不住说："买出租车是你的主意！我本想在街面上买间店铺，开个小饭店。"美女说："开个小饭店，起早摸黑，烟熏火燎，汤汤水水，天天陪小心扮笑脸伺候人就容易吗？"司机说："好多开饭店的都发财了！门面房一天天涨价，出租车一天天折旧！"美女说："都怪你没主心骨，笨蛋！下辈子死也不嫁给你！"司机嘟哝道："你不嫁给我，我就找个爱我的人做老婆，丑点也愿意！"美女说："你敢！"我对美女说："其实，就算你嫁给你那位同学，把他调教好了，你也会后悔。"美女问："为什么？"我说："第一，你可能调教不好他；第二，就算你调解好了，你可能还会觉得委屈了自己，你可能会想完全有条件嫁一个比他更优秀的先生。"美女想了想说："也许吧。"好久谁也没有说话。经过一番沉思，美女感慨地说："我们的家，虽然简朴些，但是温馨。他死心塌地地爱着我、呵护我、宠我、宽容我，为了我，为了这个家，不分白天黑夜、风里雨里，我该知足了！"我说："其实，你也很爱他，不然，晚上你会陪他出车吗？"司机插嘴说："是她自己喜欢坐出租车！我觉得简直有病！……小毛病。"美女说："你是猪！纯粹是猪！比猪少个尾巴！谁喜欢深更半夜坐出租车？我只不过想到，你出长途，回来时深更半夜孤孤单单，我就是想陪陪你，如果我不说喜欢坐出租车，你会让我陪你吗？你那点心情我还不理解！"出租车缓缓地停下来。出租车司机抬起右手，左边的脸上擦一下，右边的脸上擦一下，他流泪了。人都有同理心，我也有流泪的感觉。我对美女说："有你这句话，你老公一辈子起早摸黑，风里雨里，无怨无悔。人生不是假设，理解万岁！"司机擦罢眼泪，挺直腰板，把音乐打开，放的是摇滚乐。音量拧到最大。我与美女不自觉地直起身子，肩膀伴随着摇滚乐的节拍抖动起来。司机加油门，车速越来越快，我感觉就像飞机离地那一刻，心里犯嘀咕，心想出车祸之前不知道能不能到达丹阳？我忍不住地对司机说："师傅，慢点慢点，安全第一！"这时，美女双手做喇叭状，附着我的耳朵喊："他常对我说，不求同年同月同日生，但求同年同月同日死！"我听后，感觉我是被他们绑架的人质，冲着司机叫大喊："停车！赶快停车！——"

　　我们不妨来剖析一下美女的心理；他的老公——出租车司机是买99朵玫瑰，还是不买，都会挨骂；美女是嫁给现在的老公，还是她的同学，都可能后悔；是做出租车生意，还是做小饭店生意，都不一定尽如人意。人生在很多时候，无论当初我们是怎么选择的，都可能会后悔。这就是我所谓的"玫瑰情结"。现实生活中，我们常听说的"这山望那山高"，"吃着碗里看着盘子里的"，"干一行怨一行"，"跑了的是大鱼"，"老婆是人家的好"等，都是"玫瑰情结"的形象表达。既然无论我们当初怎么选择，都不一定尽如人意，都可能后悔，那我们就应该正视、珍惜现在的拥有、不后悔，我们就没有那么多的纠结，幸福感就会提高。这也是认识玫瑰情结的意义所在。

　　——当然，也不是选择错了，就错到底，就认命，我们应该慎对每一次选择。慎对每一次选择，心中依旧会萌生玫瑰情结。

二、葫芦现象

　　三先生和五媒婆都是精明人，精明过人，有了名了。三先生和五媒婆两家茅舍土墙，东邻西舍，毗邻而居。因为两家之间的院墙是土墙，风吹雨淋鸡爬狗跳，年久失修，已是残缺不全。但三先生和五媒婆都没有修墙的打算：墙，挡君子不挡小人。这堵墙的作用，主要在于它的象征意义。

一方风俗，秋末季节要腌咸菜，留到青黄不接的冬天里吃。漫长的冬天过去了，三先生腌的咸菜吃得只剩下咸菜坛子。因为是咸菜坛子，不是米坛子面坛子或者别的什么坛子，三先生也不把它派作别的用场，于是从烟熏火燎的锅屋里拎出来，在土墙上楔一根橛子，然后把它挂上去，留到秋天腌咸菜。

春天万象更新，家前屋后，种瓜种豆。五媒婆挨着墙根种葫芦。六月，土墙上爬满青藤。葫芦开花一片白，有一朵葫芦花开在咸菜坛子正上方，紧接着结了个嫩嫩的毛葫芦，毛葫芦不偏不倚地伸进咸菜坛子里，当三先生和五媒婆发现的时候，问题已经十分严重了：葫芦已无法从咸菜坛子里拿出来了。

怎么办？三先生主张把葫芦捣烂，五媒婆主张把咸菜坛子打碎，而且理由都很充分。三先生说："坛子是不动的，葫芦是动的，主动的葫芦长到被动的咸菜坛子里，责任在主动一方，不在被动一方。"五媒婆说："人是懂事的，葫芦不懂事。如果懂事的人不把咸菜坛子挂在墙上，葫芦也不会长到坛子里去。所以责任在人不在于葫芦。"

读圣贤之书的三先生深知：和为贵。一个读书人与一个媒婆、寡妇争争吵吵成何体统？处理这样的问题需要智慧。三先生运筹帷幄，深谋远虑。五媒婆人情练达：远亲不如近邻，大家低头不见抬头见，弄僵了谁的面子上都过不去。更何况，自己是个寡妇，三先生老婆的身体一天不如一天，没准与三先生还有故事。

三先生和五媒婆想来想去想到了一起：打官司，把球踢给县太爷，让县太爷处理。三先生五媒婆都认为自己的理由充分，到时候县太爷判下来，既不得罪邻居，又不蒙受损失，两全其美！

三先生五媒婆结伴而行，五媒婆狗撵似的走在前面，三先生迈着方步走得四平八稳，生怕乱了步伐有失斯文。七月天，红日当空，三先生和五媒婆都走得汗水淋漓。五媒婆说："三先生，前面有片红高粱地，不如到里面凉快凉快再走不迟。"三先生想，五媒婆想施美人计！要是跟她进去"凉快凉快"，万一一时把握不住，给她抓住了把柄，那咸菜坛子算完了！想罢说道："读圣贤之书，怎能做鸡鸣狗盗之事？"五媒婆说："真是擀面杖吹火——不通人气！"

见到县太爷，三先生五媒婆各陈其词，只听得县太爷头脑发懵、两眼发直。众目睽睽之下，拿不出个令人信服的裁定，那是有失威严的事情。但县太爷毕竟不是吃干饭的，眼睛一转有了主意。县太爷一拍惊堂木："本老爷日理万机，处理的都是大事。这么简单的鸡毛蒜皮的小事还要老爷过问？！回去自己想办法，实在想不出办法本老爷再裁决。不过再来时，把葫芦和咸菜坛子都带来，充公！"

出了县衙门，三先生和五媒婆一齐大骂县太爷：贪官，贪官！居然打起了葫芦和咸菜坛子的主意。三先生和五媒婆迅速达成共识，官司不能再打了，要靠自己的智慧解决问题。三先生说："车到山前必有路，办法是人想出来的。"五媒婆说："活人不能给尿憋死！"

三先生和五媒婆回到家，大家平心静气推心置腹地寻求解决问题的方案。三先生说："等葫芦熟了，我盖上坛盖，用油布把坛子口封起来。就挂在墙上，我承认葫芦是你的，你承认坛子是我的。东西都在，大家心里都踏实。"

五媒婆说："坛子葫芦都在你家院子里，你天天看得见心里踏实，我看不见心里不踏实。不如把坛子放在墙头上，我承认坛子是你的，你承认葫芦是我的，大家都看得见，心里都踏实。"

三先生说："不行。风吹雨淋，鸡趴狗跳，墙早晚会塌，到时候坛子从墙上掉下来摔个粉碎，你净得个葫芦。"

五媒婆说："那就砌一堵砖墙。再把葫芦咸菜坛子摆上去。"

三先生说："村中时有毛贼出没，如此精致的坛子美妙的葫芦，毛贼焉有不动心的道理？不如推倒土墙，砌一堵砖墙，然后再把坛子砌到墙内去，方为万全之策，长久之计。"

三先生和五媒婆两家花血本垒起一堵墙，青砖白灰，固若金汤。

很多年过去了，三先生和五媒婆已经不在人世，属于三先生的咸菜坛子和五媒婆的葫芦依旧还在青砖墙内。

"葫芦现象"是现实生活中普遍存在的一种现象。人与人、组织与组织、国与国之间，利益相互渗透相互交织在一起，就像葫芦长到咸菜坛子里一样，你中有我，我中有你，如何处理这类关系？

为了一个葫芦和咸菜坛子，劳民伤财地砌上一堵墙，这种维护既得利益的成本大于维护的利益，这种方式显然是不可取的。不同的利益主体，如果缺乏互让互谅精神，就会导致"葫芦现象"的出现。譬如企业的绩效考评、薪酬设立，就其本质而言都是"切分蛋糕"游戏规则，如果企业与员工之间缺乏互让互谅的精神斤斤计较，不管"切分蛋糕"的技术标准设计得如何精确，都不会被认同。就是说：我们不能指望仅靠的精确性让人们认同分配的结果，要想结果被认同还需要一种互让互谅的精神。同时，对精确性的过度追求，就会使工作复杂化，从而失去"时效性"和"经济性"，使之变得不可行。牺牲一些精确性，才能保证时效性和经济性，从而保证其可行性。所以，我们应该避免过度追求，平衡好精确性、时效性和经济性三者之间的关系。游戏规则的设立避免过度追求，过犹不及，对"度"的拿捏，原本就是人生的大智慧。

三、暗恋情结

爱情故事，古老而又常新。

八十年代初，大学里男女生比例严重失调，我们班是 50 位同学，5 名女生。物以稀为贵，这就造成了看不见的战线上竞争异常激烈。许多男生哀叹："僧多粥少，狼多肉少"。白雪一枝独秀，是公认的校花。当时文坛很活跃，当诗人、作家就像现在想当企业家，是一种时尚。为了赶时髦，也是为了充分表达我的情感——尤其是爱情，我开始学习写诗，我感到现代汉语已经无法表达我的情感了，不写诗不行了。第一首爱情诗自然是写给白雪的，下笔千言，一个小笔记本写完，第一首爱情诗还没写到一半。当懂得诗要简练时，大刀阔斧删繁就简，壮烈牺牲无数的脑细胞，锤炼成一字千钧的两行。第一行第一个字就是"啊"——表示感叹，现在表示感叹往往用两个字"哇塞"，或者"我靠"。这两行诗是：

啊！白雪，和你的美相比

我的诗就是——狗屎

我感觉这首诗写得好啊：运用对比手法，用词大胆，譬如"狗屎"，这不是一般人敢用的词。虽说诗缺乏美感，但瑕不掩瑜。情诗不写则已，一写一发不可收拾，紧接着就写出了第二首：

你是鱼

我是猫

你是清清小河里的鱼
我是河边蹓跶的猫

你是梦里的鱼
我是梦醒的猫

诗，不足以流传百世成为千古绝唱，但它表达了我对白雪的心情。然而，我只是搜肠刮肚地创作，却没有勇气把诗送给她。一来，当时学校明文规定，坚决不提倡大学生在校期间谈恋爱，我是班长，不能带头违背校纪校规，至于在心里违反多少次，鬼才知道！只写诗不送给她最重要的原因是，害怕被拒绝，我发现只写不送给她有一个好处，那样她就无法拒绝我，我就可以把这个梦继续下去。此外，还有一个原因，害怕成为第二个小潘。

小潘是我们同班同学，小个头，小鼻子，小眼睛，脸上长着小疙瘩。可追求起白雪比谁都积极，每当周末，女同学们结伴出游，小潘特务似的跟着。女同学汪小丽问小潘，"每个星期天，你都像个尾巴似的，想干什么？"无知者无畏，小潘实话实说："我真心爱白雪！"汪小丽听后笑翻在地，半天没爬起来："小潘，怎么说你好呢，除非地球上就剩你和白雪两个人，白雪才会嫁给你。"白雪知道这件事后说："如果地球上就剩下我和他的话，我就跳海，让人类绝种！"

久而久之，女同学们——包括白雪，渐渐适应了小潘的跟踪，出游时都把小包叫小潘拎着，逛商场买东西让小潘背着。义务公仆，不使唤白不使唤，使唤也是白使唤。小潘肩搭手提一头是汗，屁颠颠地跟在女生后面。时间久了，女生们出游、逛商场都觉得离不开小潘了。因此，同学们公然叫他"不正好"，"不正好"就是"二百五"，"二百五"就是缺心眼。

我害怕成为第二个小潘！

岁月如流，星转斗移，大学生活花期一般短暂，眼看要毕业了，恋爱、追求到了冲刺阶段。一天黄昏，我在学校的足球场边，在一棵榕树下想入非非，想象我和白雪结婚时的盛况，正想到喝交杯酒，肩膀被人拍了一下，我吓了一跳，回头一看，是小潘。小潘神秘兮兮地对我说："成了！"我问："什么成了？"小潘说"我和白雪成了！"我听了心都冷了，你成了我可怎么办？继而一想，怎么可能？小潘人长得对不起观众，学习全班倒数第二名——连倒数都不是第一名，他爸爸也没什么了不起。小潘见我不相信的样子，又补充一句说"要不是她妈不同意就成了"。我说："梁山伯和祝英台，罗密欧与朱莉叶的悲剧还会在今天重演吗？关键是她本人的态度。"小潘说："班长说得对！关键是她本人不同意，要不就成了。"我松了一气。小潘说："不过，现在还有百分之五十的把握。"我的心又提起来。小潘说："我已经完全同意了，只占百分之五十。"——原来是这么算的，我提起的心放了下来。小潘说："我想请你帮个忙。你文笔不错，帮我写份情书，让她看了动心。"我想，我要是能写出这样的情书还会给你？！

毕业一天天临近，追求白雪的人多得无法统计，该出手时就出手，不能再犹豫了，时间就是美女，时间就是爱情！我整整花了一天的时间，写了一封燃烧着熊熊烈火的求爱信，决定送给她。那是个风高月黑的夜晚。晚自习下课铃响后，白雪出了教室，我不露声色地跟了出去，趁着夜色正要下手——把装在一个口袋里的一封信和十几本献给白雪的诗稿送给她，忽然听到一声断喝："班长！"本来就紧张，再经受这一声惊吓，两腿发软，回头一看，是汪小丽。顺便提一下，汪小丽喜欢我。汪小丽问："想干什么？！"我说："我想……打个喷嚏。"汪小丽审视着我："紧紧跟在人屁股后面，想把喷嚏打在人的屁股上？！"我说："是大喷嚏。"汪小丽开始犯迷糊："大喷嚏？是怎么回事？"我说："你管得着么！"说完就往教室走，走了几十米，回头一看，见汪小丽还楞在那儿动脑筋。

我最后一个离开教室，把装着诗和信的口袋放到白雪的课桌里。等待白雪的回音。那种心情可用一个成语来表达：一日三秋。九个秋——三天以后，黄昏，我依旧站在球场边的榕树下，白雪款款向我走来。我的神经高度紧张，就像囚徒等待宣判，生死全在她唇齿之间。她走到我的面前，盯着我看。我额头上渗出汗，头上方云雾缭绕。白雪说："信跟诗，我都看了。快毕业考试了，毕业以后再说好么？"我只能说："好。"白雪说："这事得我妈同意……懂吗？"我随口说："懂。"白雪款款地走了。我的大脑一片空白，好久才恢复思考功能，我开始思考她那句话的真实含义，突然想起小潘说过的一句话"要不是她妈不同意就成了"，我明白了，白雪是婉转地拒绝我。我痛不欲生，要当和尚！终因尘缘未了，没有当成。

暗恋加单恋，构成了我初恋的主旋律。大学时代的初恋，在这里划上了一个大大的——逗号，故事没有结束。

毕业十三年后，在一个海滨浴场的沙滩上，我与白雪邂逅相遇，彼此喜出望外，同时向对方伸出手。"啊，啊！……白雪，嫁给谁了？"白雪听后把向我伸出的手缩了回去，说："你是个骗子！"我怔住了："你说我是骗子？"白雪说："那些谎言还在我妈家里。"我问："你是指我写给你的诗？"白雪说："是谎言！"我说："那是我的真情告白！"白雪说："毕业后为什么不找我？"我说："你拒绝了我，我还找你干嘛？"白雪皱着眉说："我什么时候拒绝你了？"我说："你还记得当时是怎么跟我说的吗？——'这事得我妈同意，懂吗？'"白雪气愤地说："我不同意，我妈同意就行了？"我说："好了，不要安慰我了，如果你对我有想法，为什么不找我？"白雪冷冷地说："怎么找你？"

——那时，既没有手机，想联系靠写信，不知家庭地址写信都无处投递。毕业后我留校任教，白雪分配到家乡的县城中学当老师。我说："你知道我留校了，你要是想找我，可以回母校的。"白雪嘴角流露出一丝轻蔑："暑假谁知道你在哪？开学后不久，我回母校找你……我看到你和她手牵着手……"

开学后，我和汪小丽在谈着呢！失恋就像溺水的人，有一根稻草也要抓住；失恋就像饥饿的人，残茶剩饭也不嫌弃；何况汪小丽不是残茶剩饭。我目瞪口呆，后悔得要死。我于白雪相视良久，彼此都感到很无奈。

"现在好吗？嫁给谁了？"我还是忍不住地问。白雪幽幽的仿佛自言自语地说："还能嫁给谁？"我警惕地问："这话什么意思？"白雪说："除了小潘还会是谁？"我感觉头上挨了一闷棍，责问："你……凭什么嫁给小潘！？"

白雪反问："凭什么不能？他追了我十年。"

小潘与白雪是一个县的，毕业后分配在一个镇中学当政治老师。上班后不久，小潘就打听到了白雪家的住址，在一个周末，小潘找到了白雪的家。

这是一个单身家庭，白雪与母亲无话不说，小潘的事情是她与母亲经常聊到的话题。当白雪的妈妈看到小潘，白雪还没介绍，白雪的妈妈就问："你是小潘吗？"小潘受宠若惊似的，"啊！伯母还知道我？"白雪的妈妈盯着小潘看，越看越难看，于是说："赶快滚，能滚多快滚多快，能滚多远滚多远。"小潘说："伯母，千千万万别误会，我到家里来，是来打扫卫生的，你家没男的，打扫卫生这样的事怎么能让白雪干呢？我要是有其他想法，那是癞蛤蟆想吃天鹅肉，那就不是个人，是流氓！"白雪的妈妈听了，放松了警惕，说："打扫干净点！"从此，小潘开始了打扫卫生的兼职生活。六年以后，母女俩不知是想明白了，还是犯糊涂了，反正最后的结果是白雪嫁给了小潘。我问白雪："小潘现在干什么？"白雪说："在经营一个石英加工厂，就是把石英石加工成粉末，是制造优质灯泡的原材料。经营得还不错。"我愤愤不平，但又不得不正视这个现实。我对白雪的情感是灼热的、真实的，但从高中到大学付诸行动的只有一次。小潘呢，整整追了十年——比抗日战争还多两年！我垂下头，像漏气的破皮球。

夕阳西下，沙滩上的游客潮水般地退去，海滨浴场笼罩着暮霭，天海一片苍茫。白雪向我伸出手，我与白雪紧紧地握手，两个人的手都有些颤抖。握罢，无言而别。

有人问空空尊者是怎么开悟的，空空尊者说："我是看到一条狗在河边要渴死的时候开悟的。"问："狗在河边怎么会渴死？"答："这条狗到河边喝水的时候，看见水里有一条狗向它瞪眼睛，于是它就换一个地方，无论它换到哪里，那条狗始终在水里向它瞪着眼。快要渴死的时候它奋不顾身纵身跳进河里，它喝到了水，那条狗消失了。"

水里自始至终向那条狗瞪眼的狗，是它的影子。这个公案给我们的启示是：阻碍我们前进，左右我们成败的是我们的影子。这个影子可以是自卑，可以是懒惰，可以是堕落，是人性消极的、恶的一面。

这次邂逅相遇，改变了我人生发展的轨迹。此后，我在对理想的追求中，每当自卑的时候、气馁的时候，我就会想起小潘，小潘成了我人生道路的的一个标杆。

时光不会倒流，人生无法从头再来，但是我拥有今天和未来。每个人的心中都有"白雪"，她可以是所爱的人，也可以是理想抱负，只要热爱，就该勇敢地去追求——即使追求不到，也享受了追求的过程。

不敢追求大目标是追求的盲点，给那些敢于追求大目标的人留下了机会，就像白雪落到小潘的手里一样。

　　小米科技投资有过非常多的失败，他们从失败中得到很多的启迪，譬如，"要做大事，尽可能不做小事，小的事情很难长期发展。"这当然是对于有能力做大事的人而言的。有能力的人就应该做大事，是明智的选择，也是历史使命。

第九章　是非圈外看世界

　　我在这里要论证一种新的观点：对同一事物的认识，三种不同的——甚至于截然相反的观点都正确，这听起来似乎不可思议。这相当于说我要论证某个东西既是红的，又是黑的，同时还是白的，而且都是正确的。

　　我为什么写这样一篇文章？一是对社会的严重的仇富仇官现象的思考，二是对社会上普遍的不公平感的思考。

　　我在近二十年全国各类企业和各地党政干部培训实践中发现，无论企业还是党政机关，普遍存在一种现象：无论工资水平高低，奖金多少，其结果都是大多数人不满意、不平衡——尤其是非公有制企业员工。这种不平衡导致劳（员工）资（企业法人）对立——包括心理上的对立和由心理对立引发的行为对立。如何看待劳资对立？对立的本质是什么？市场经济最基本的关系是利益分配，各利益主体之间争取利益最大化，彼此之间存在冲突，其中劳资冲突最为突出。利益冲突从形式上表现为分配的比例问题，亦即微观上技术层面的薪酬设立问题，似乎只要引进并实施"社会平均工资水平"，并力争做到"内部公平公正"就可以解决，其实不然。那么，如何化解劳资之间的对立与死结呢？对这个问题的系统的深入思考，让我产生了一种新的世界观。这个世界观亦可以作为化解劳资对立提供理论支撑。当然，这个新的世界观的所具有的普遍的指导作用和价值远不止于此。

一、你对，我也对

1. 认识论中的盲点

现实生活中，"一分为二"是具有普遍性的认识方法，正面反面、正确错误、真理谬误、主要次要，人分男女，鸟分雌雄等等，但并不是所有事物都可以"二分"，颜色并非黑白两种，温度并非不是零上就是零下（有零度存在）；人并不是非敌即友；因而，作为对事物的正确反映，也必然不是非此即彼，非对即错。

国与国之间、不同民族或地区之间、组织与组织之间、个人与组织之间、人与人之间存在矛盾，各种矛盾错综复杂，这些矛盾是怎么产生的？

若以矛盾冲突呈现的基本形式进行划分，矛盾冲突可分为四种类型：认识冲突、情感冲突、目标冲突、程序冲突。在认识冲突中，有一个盲点——"两可"。不知"两可"的存在，各执一端，形成冲突。认识"两可"，对解决认识冲突具有重要意义。

2. 关于"两可"

春秋末，郑国洧水发大水，洪水漫过河岸，冲垮了许多村庄。有一位富人被淹死，尸体被一农夫捞起。富人的家属想把尸体赎回来，但是捞尸体的人索要的钱太多，这让死者的家属很难为情，于是请教邓析子。邓析子说："沉住气，你尽管放心，这具尸体除了卖给你家，别处根本卖不出去。"捞到尸体的农夫生怕得到的钱太少，也来请教邓析子。邓析子说："沉住气，尽管放心吧！这具尸体他除了你这儿买，别处根本买不到的。"

后人把邓析的回答称作"操两可之说，设无穷之词"。

有人认为邓析子缺乏是非观，诡辩。在我看来，邓析子要表达的是：许多社会问题（并不是所有问题）存在着一个"公说公有理，婆说婆有理"的"两可"区间，是一个清官难断的"家务事"。这也是我赋予"两可"的内涵。这里，"两可"不是思维方式，而是一种世界观。

"两可"存在的事实俯拾即是，或许我们只用简单的枚举、归纳法即可以证明它的存在。

"公说公有理，婆说婆有理"，"清官难断家务事"，是人们对日常生活经验的概括与总结，也是直觉的发现。它暗示一种处理这类问题的方法，不必争辩孰是孰非，搁置争议，宽容。这一方法论无疑是一种智慧，甚至于可以说是大智慧！

除了邓析子外，还有两位专家，一是美国的心理学家弗雷德里克·赫兹伯格（F. Herzberg），另一位是英国的医学和心理学博士爱德华·德·波诺（Edward de Bono) 也意识到的了"两可"的存在，可惜囿于技术层面，没有上升到哲学的高度。但可以作为我论证"两可"存在的案例，不妨略作介绍。

赫兹伯格在 20 世纪 50 年代后期提出双因素激励理论，也叫"保健—激励"理论。20 世纪 50 年代后期，他在匹兹堡地区的 11 个工商机构中，向近 2000 名白领阶层进行调查。调查发现，传统的满意—不满意（认为满意的对立面是不满意）的观点是不正确的，满意的对立面是没有满意，而不是不满意，同样不满意的对立面是没有不满意，而不是满意。由此赫兹伯格提出了双因素理论。

也就是说，传统二分法的"满意—不满意"之间尚存在"没有满意"和"没有不满意"。"没有满意"和"没有不满意"类似于"可以说满意，也可以说不满意"的"两可"。

有些问题甚至不止于"两可"，有个《父子骑驴》的故事：

父子俩赶集。父亲骑驴，儿子跟在驴后跑。路人说："这叫什么父亲？没一点爱心！"父亲觉得有理，让儿子骑驴，自己跟在驴后跑。有人说："这是什么儿子？不孝之子！"于是父子共骑一驴。有人说："一头小毛驴，父子两人骑，都是黑心肠！"父子俩认为有理，牵着驴走。有人说："有驴不骑，傻瓜！"父子俩想了想，把驴捆住抬着走。有人说："人驴三个，最蠢的是人不是驴！"

路人的说法可以说都有理。

要分出路人谁说的最有理，就必须有统一的价值观，有相同的"价值排序"。

是父亲骑还是儿子骑合理，那就必须分出是尊老排在第一位，还是爱幼排在第一位；一起骑（假设驴勉强能够承受）还是都不骑，那就要分出是省力排在第一位还是名誉排在第一位。看似简单非此即彼的排序，要统一它没有可能，因为价值观因人而异，一定要分清谁最有理当然不可能。路人除了价值取向不同及"不够宽容"之外，最根本的原因在于没有认识到"两可"的存在。

父子骑驴岂止"两可"？父亲可以骑，儿子也可以骑，父子一起骑（假设驴健壮），父子还可以轮流骑——起码有"四可"。

有一点有必要强调：任何理论都有一定的适用范围，"两可"也不例外，放大"两可"的适用范围，认为任何事物都是"公说公有理，婆说婆有理"，"两可"就会沦为怀疑论、诡辩论，就成了谬误。

3. "你对，我也对。"

现在，你出现在一个游戏节目里，主持人告诉你，一号二号三号三个门，其中两扇门后是山羊，一扇门后是汽车，三个门任你选择，并可以获得所选门后的奖品。当然你希望自己选中的是汽车。三选一，很清楚，你选中汽车的概率是三分之一。

在没有任何信息帮助的情况下，无论你选择哪号门，选中的概率都是三分之一，无所谓对错，选中与否完全靠运气。譬如你选择一号，主持人并没有立即打开一号门，而是打开三号门，三号门后是一只山羊。然后主持人问你是否打算改变主意选择二号门？你改还是不改？

这个问题是杂志专栏作家赛凡特女士创作出来的。

赛凡特女士认为应该换：你选一号门获得一辆轿车的概率是三分之一，当主持人打开三号门，三号门后是山羊，一号门后面是车子概率维持不变，而二号门后面是轿车的概率就变成了三分之二——三号门后是轿车的概率转移到二号门上了，所以你应改选二号门。

绝大多数人都认为赛凡特是错的。

令人惊奇的是，双方的结论尽管完全相反，但都是对的。为什么会是这样？

因为上述的谜底里藏着一个未知资讯，包括赛凡特在内的所有参与者，都对资讯作了不自觉的假设，大多数人甚至不知道存在这个未知资讯。持不同见解的双方都没有意识到，他们得出的认为正确的结论暗含着一个假设的前提。

现在我们开始揭示谜底。以确定该不该换？

一、二、三号门后有一辆轿车，游戏又没有其他限制，所以初始是轿车的概率每个门都是三分之一，这没有问题。

现在你选择了一号门，你选对的概率是三分之一，没有问题。主持人打开三号门，三号门后是山羊。请问，他为什么要打开三号门而不是二号门？

这里有两种情况，一种情况是，主持人不知道三个门后是羊还是车。在不知道的情况下，你选择一号门后，他打开三号门——只是随意打开的，是车游戏结束，是羊游戏继续。如果真是这样，那么三号门后不是车，对你来说确实是个新资讯。这时，一号门二号门是车子的概率相同，都是百分之五十。

赛凡特的反对者认为一号二号门的概率相同，唯有在这种情况下才能成立，但是他们全然不知道自己得出的结论暗含着这样的假设。

另一种情况是，主持人知道三个门后面哪个是山羊哪个是轿车，当你选择一号门，主持人不可能打开有车子的那扇门，因为这破坏游戏的悬疑气氛，水落石出，游戏提结束，观众失去情趣。娱乐业的主持人，都想吸引观众眼球、吊观众胃口，因此主持人绝不会打开有车的那扇门。如果你一开始就选对了——轿车在一号门，他可以随意地打开二号门或三号门；如果你一开始选错了——轿车不在一号门，他一定会打开没有车子的那号门。

不管车子在那号门后，他的举动都不会影响你最初的选择——也就是一号门是车的概率为三分之一。无论你如何选择，他打开的那扇门后面是山羊，这就相当于把你选择后的两扇门的概率合并在一扇门后。他打开三号门，三号门后是山羊，这就使得二号门是车的概率上升为三分之二。如果"尽可能地想吸引观众"是主持人的策略，那么赛凡特的选择是正确的，所以你应该换成二号门。虽然换不能保证你一定会获胜，因为你一开始就选对的概率有三分之一，但是换把获得车的概率提高了一倍。概率是行为的指南。

赛凡特认为应该换，换把获得车的概率提高了一倍，唯有在这一前提下才是正确的。

两种不同的看法，是基于两种不同的假设。在他们假设的前提下，双方都是对的。如果主持人不知道车在那号门后，开门是随机的，车子又不在他打开的那扇门后面，那么两扇门后的概率都是百分之五十。如果他知道车子在哪号门后，并以吸引观众为策略，你选择一号门后，他绝不去开有车的那扇门，那么就应该换，因为二号门的概率上升了一倍。

赛凡特与她的反对者，"你对，我也对。"两可。

这个游戏，让我们发现：分辨一种观点、理论的对错并不容易。因为前提不同（包括暗含的前提），会产生不同的甚至是相反的看法，这两种看法"你对，我也对。"以这一逻辑进行推理：中西两种文化背景不同，对同一个问题的看法可能截然不同，而且有一种可能：都正确，都有理。

"二分法"存在局限性，许多社会问题存在着"两可"——它既显而易见，又是"哥伦布式"的发现。作为认识，有对和错有理与无理之分，但并非所有问题都有对与错有理与无理之分，两种相互对立或多种迥然不同的理论可能都有理——"两可"。"两可"，是认识领域的盲点，发现了，它就成了"新大陆"。时至今日，它没有引起人们应有的足够的重视。在理论界，无数的人仍在黑白与是非圈内东奔西突，永无出头之日。跳出是非圈，"是非圈外看世界"——看到"新大陆"，看的更完整，更清晰。

二、我看《鲁滨逊漂流记》

不同时代的政治家、经济学家、宗教学者、艺术家、史学家从不同的角度解读《鲁滨逊漂流记》。经济学界出现了"鲁滨逊现象"。我并不打算对经济学上的"鲁滨逊现象"作全方位的介绍与评论，只想谈谈弗里德曼的"关于分配的道德原则"。为此，有必要概述一下笛福的长篇小说《鲁滨逊漂流记》：

　　1632 年出生在英格兰北部约克市上流家庭的鲁滨逊·克罗索，痴迷航海，于 1651 年 9 月 1 日开始了他的漂流生涯。鲁滨逊是个倒霉蛋，几乎是一航海就遭遇劫难。鲁滨逊漂流到巴西时，经营种植园。但他想做个暴发户，1659 年 9 月 1 日，他搭乘一艘船前往非洲去贩卖黑奴，途中连遇两次大风，最后在北纬二十二度十八分处航船侧翻。除了鲁滨逊被冲上荒无人烟的孤岛（鲁滨逊称之为绝望岛）外，其他人全部遇难。鲁滨逊在岛上孤独生活的第二十四年，从来到孤岛上的一群野人的"口里"，救了一个差点被吃掉的野人。那天是星期五，鲁滨逊就称那个野人为"星期五"。"星期五"成了鲁滨逊的仆人，他和鲁滨逊共同度过了在绝望岛上的最后三年。

　　弗里德曼从《鲁滨逊漂流记》中看到了"自由分配的道德原则"，他在《资本主义与自由》中谈及分配时说：

　　"我逐渐地持有这种观点，即：仅就分配本身而论，它不能被作为一个道德的原则，而它必须被当作是一种手段或一种原则的后果，例如自由的必然结果。

　　用一些设想的例子可以说明基本的困难。设想有四个鲁滨逊各自飘流到邻近区域的四个小岛上。一个人登上了一个美丽富饶面积大的岛屿，其他人则登上了仅能维持生计的小而贫瘠的岛屿。一天，他们发现了彼此的存在。假使住在大岛上的鲁滨逊是个慷慨的人，邀请其他人分享他的地盘和财富，结果皆大欢喜。但是，假设他没有这样做，其他三人联合起来迫使他这样做是否有理？大多数人倾向于说有理。但是，顺从这一逻辑，我们假设你和三个朋友沿街行走，你首先看到先拾起在人行道上 20 美元的一张钞票。假设你是个慷慨的人，你会和他们均分这些钱，或者请他们喝一盅。如果你没这么做，另外三个人联合起来迫使你和他们平均分享这20美元是否有理呢？大多数人趋向于说没有道理。经过进一步的思考，他们甚至可能认为，上述慷慨的行为方法本身并不显然是'正确的'。我们是否准备劝说我们自己或我们人类的伙伴们，当任何人的财富超过了世界上所有人的平均数时，他便应该立即把多出的数量平均分配给世界上所有的居民呢？当少数人这样做时，我们会羡慕和称赞这个行动。但是，普遍的'分享财富'会使文明世界不能存在。"

弗里德曼认为：在一个自由市场的社会里，收入分配的直接的道德原则是，"按照个人和他拥有的工具所生产的东西进行分配"。

对这句话，我们的解释是：在市场经济条件下，分配的道德原则是，按照个人的劳动和拥有的劳动工具（资本）进行分配。就是说，劳动和资本共同创造价值。进一步说，按劳分配和按资本分配是分配的道德原则。而"分享财富"，譬如搞平均主义吃"大锅饭"并不显然正确的，且"会使文明世界不复存在"，对社会的发展是有害的，是对文明的摧残，是倒退。

下面，请允许我从经济学的角度来谈谈我从《鲁滨逊漂流记》中的发现。

鲁滨逊在"绝望岛"生活的第二十四个年头里，从野人的手中救了"星期五"。"星期五"心甘情愿地做鲁滨逊的仆人。鲁滨逊找到了一个伴侣，一个帮手。经过教化，"星期五"成了基督徒。

在鲁滨逊与"星期五"相处的三年里，鲁滨逊觉得"日子过得完美幸福——如果在尘世中真有'完美幸福'的话"。而"星期五"呢，当鲁滨逊试探着让他回到他的野人部族去的时候，他居然拿出一把斧头递给鲁滨逊说："主人，杀了我吧！""星期五"不愿离开鲁滨逊和绝望岛，他在"绝望岛"的生活比起在野人部族生活有安全感，鲁滨逊待他不错，生活条件"优越"，他也感到活得很快乐。就是说，鲁滨逊和"星期五"的这种"结合"，使得彼此的生活品质较原来都有很大提高；与此同时，"绝

182

望岛"上的生产规模扩大了——加速了"绝望岛"生存环境的变化发展。

如果我们不沿着鲁滨逊和"星期五"所形成的"社会关系"及与之相对应的"分配原则"是否道德（合理）的方向去思考，我们发现，这种结合有利于鲁滨逊和"星期五"生活品质的提高，和生存环境的改善，因而是可行的。所以我们认为："是否有利于人民的生活品质的提高和生存环境的改善"应该是人类社会的一个行为准则。这个准则可以简单地概括为：是否可行，是否能够创造共赢。

这一行为准则具有普遍的指导意义，譬如处理国家间的主权和领土争端，遵循这一行为准则，搁置争议，共同开发，就可能创造一个共赢的格局，这个世界会因此少一些火药味。

三、结束语

现在，我们以"是否有利于人民的生活品质的提高和生存环境的改善"——是否可行，能否创造共赢这一"人类社会应有的行为准则"作为理论基础，来看前言中提出的一个相对微观的问题——劳资对立。劳资之间是否存在剥削是争议的本质，对这一问题的回答，假如我们不以是非对错去思考，而从"是否有利于人民的生活品质的提高及人类生存环境的改善"——亦即是否有利于创造共赢的"行为准则"出发，我们会有怎样的发现？

"吃大锅饭"的平均主义的分配原则貌似"道德"，但是行不通。因此我们应该从是否有利于创造共赢来理性看待收入差距，盲目的仇富（包括仇官）、不公正感是我们人性的弱点，是我们自身的心理问题。

当然，对于为富不仁的"仇富"，对于为官不廉洁的"仇官"，不是"心理问题"，而是正义感。

第十章　东方遇见了西方
——文明·科学·管理

　　田博士给我发来微信，约我在上海交通大学徐汇校区内的小树林见面，见面后她把一张音乐会票递给我说：今晚我请你听音乐会，晚上见！说完转身走了。田博士是女士，未婚，算不上靓，靓就成不了博士了，但很有气质，以前我们有过几次接触，都是蜻蜓点水。我想，她是不是以为我没结婚？我比她起码大十岁，她应该能想到我是已婚人士。带着疑问走进上海音乐厅，听音乐会的过程中，彼此的表现都无懈可击。音乐会结束了，听众涌出音乐厅，各种关系组合的男男女女像鱼一样游向四面八方。音乐厅前的广场上，我与田博士面对面地站着。田博士说想请你帮个忙。我问：我能帮你什么忙？田博士撒娇耍赖地说，你先答应帮我，我再说，免得说出来再遭拒绝没面子。女博士也会撒娇？我心中暗暗称奇，我说能帮一定帮。田博士说，近期学院接到一个通知，要派一个人参加以"东方遇见西方"为题的国际研讨会，这个倒霉的差事阴阳差错降落到我的头上，该死的博导，这是赶鸭子上架！我听过你的讲座，我想请你帮忙写一篇，8000字以内就行。我用它参加研讨会，不影响你发表。听完博士的话，我心中萌生了一种只可意会不可言传的复杂情绪。因有言在先，我不答应都觉得不好意思，于是乎就有了这篇文章。

在一篇 8000 字以内的文章里，要面面俱到地谈论"东方遇见了西方"显然不可能，下面我只就中西文明（本文特指精神文化）本质上进行比较，试图指出彼此的优劣（特点），以便取长补短，造福东方与西方。内容主要涉及中西文明的起源、特点、误区、思维方式，以及对科学与管理的影响与启示。

内容并非创见，且只触及"东方""西方"的皮毛，结论或与盲人摸象类似。

——该谦虚要谦虚，但不能太谦虚，谦虚过了会让人误以为本文一无是处，失去阅读兴趣。

一、文明，科学与人类命运的守护神

精神文明要回答的问题是：做人做事的原则和思路。

文明优劣对一个国家的发展进程的影响是不容置疑的，也正因为如此，一个国家经济发达，就会被认为其文明也是优秀的；经济不发达就会被认为其文明也同样落后。认为精神文明与物质文明是直接的水涨船高的对应关系，是一个常识性的错误。

评价一种文明，应以历史的眼光、大视野全景地观察，不应只截取这一文明的某一段历史来看。中国有过"文景之治""大唐盛世"的辉煌，如果那时我们断言：中国文化是世界上最优秀的文化，那就不能解释中国近代为什么会落后。评价一种文明，更不能只看某一历史阶段的某一方面——譬如只看物质文明的发展水平不看精神文明。评价一种文明，还要看这一文明是否具有强大的生命力。优胜劣汰不仅适用于动物世界，在人类社会的文化范畴内同样适用，连古希腊那样优秀的文明都消亡了，中国文明绵绵五千年，依旧生机勃勃，这是无法忽视的现实！

那么，文明的本质是什么？什么是中国文明？学习中国文明会得到什么好处？

谈文明，在中国最值得一提的是辜鸿铭先生（辜鸿铭先生 1857 年生于马来亚的一个华侨世家，13 岁到西方留学，先后游学于英、德、法、意等国十一年，精通近十门语言。民国初年任北京大学教授。在近代，特别是二十世纪的前二十几年间，论名头之响，声誉之隆，没有一个中国学者可与之相提并论）。辜先生有一部具有世界影响的著作——《中国人的精神》，辜先生认为：

"要评价一个文明，我们必须问的问题是，它能够生产什么样的人，什么样的男人和女人。事实上一种文明所生产的男人和女人——人的类型，正好显示出该文明的本质和个性，也显示出该文明的灵魂。"

文明的本质是看它能够生产什么样人，有一位留学生说："中国人随地吐痰，乱扔瓜皮，衣冠不整，所以中国不是文明国家。"

坦率地说，这种看法相当片面。

要判断一个民族文明与否，首先要知道衡量文明标尺是什么。与文明对应的有一个词叫野蛮，文明的程度是以远离野蛮的距离来衡量，不是以是否随地吐痰来衡量的，而是以生产出什么样个性特征的人来衡量的。

中国文明生产出了什么样的中国人？

辜鸿铭先生把中国人的性格特征和中国文明概括为三大特征：博大、纯朴和深沉。要真正了解中国人和中国文明，那个人必须是博大的、纯朴的和深沉的。辜鸿铭先生指出：

美国人、英国人、德国人要理解真正的中国人和中国文明是困难的，因为美国人一般说来，他们博大、纯朴，但不深沉；英国人一般说来纯朴、深沉，但不博大；德国人，一般说来深沉、博大，却不纯朴。在我看来，似乎只有法国人最能真正的理解中国人和中国文明，因为法国人拥有一种非凡的、为上述诸民族通常来说所缺乏的精神特质，那就是灵敏。这种灵敏对于认识中国人和中国文明是至关重要的。为此，中国人和中国文明的特征，除了我上面提到的那三种之外，还应补上一条，而且是最重要的一条，那就是灵敏。

美国人如果研究中国文明将变得深沉起来；英国人研究中国文明会变得博大起来；德国人研究中国文明会变得纯朴起来。美、英、德三国人通过研究中国文明、研究中国的书籍和文学，都将由此获得一种精神特质。至于法国人，如果研究中国文明，他们将由此获得一切——博大、纯朴、深沉和较他们目前所具有的更完美的灵敏。所以，我相信，通过研究中国文明、中国的书籍和文学，所有的欧美人民将大获禅益。

也许有人会说，辜鸿铭先生是个民粹主义者，可是为什么这样一个"精通西学"的人会如此？这本身就是一个值得探讨的文化问题。

对科学知识的"过度追求"促进了技术进步与物质文明的极大丰富，忽视文明导致的现实与潜在危机，则是人类社会面临的巨大挑战。换一句话说，重视做事而忽视做人是人类的现实危机。

美国《新闻周刊》网站上有一篇法里德·扎米里亚文章，其中有这么一段话：

"知识创造了令人称奇的工具和技术，拯救了生命、提高了生活水平并传播了信息。总体而言，一个以知识为基础的世界将会更加健康和富裕……但是知识在为人们改善生活提供强有力支持的同时，也能用同样强有力的手段，有意无意地摧毁生活。它能引发仇恨并因此导致毁灭。知识本身不会对古希腊人的问题'何为美好生活'做出解答。它不会产生正确的判断、高尚和宽容。最关键的是，知识无法产生让我们在这个世界上共同生活、共同发展而不走向战争、混乱和灾难的远见，为此，我们才需要智慧。"

这里的"知识"，用"科学知识"更为准确，这里的"智慧"就是文明，其本质是做人的原则和思路。解决扎米里亚的问题，到底需要什么样的智慧？中国人给出了一个简洁的答案：建立"和谐世界"！——这是中国文明对世界最新做出的伟大贡献！"和谐社会"是结果，人类应该共同坚持信守什么样的做人做事的原则才能建立起和谐社会？那就是仁爱、诚信、平等、宽容、善良、正义。这些正是中国人做人做事的原则与信条。

从宏观的角度与较长的时间来看，文明是科学发展的保证，促进科学的进步和发展的管理原则，必须符合人类共存共荣的目标，这不能靠技术而要靠文化。

二、从文化源看中国科技落后的原因

中国现在是发展中国家不是发达国家，但中国不是什么都落后，中国的"落后"最主要是技术的相对落后，以及由此导致的物质的相对贫乏。为什么中国的技术会落后呢？

没有研究表明——黄种人的智商比其他人种低。那么到底是什么原因？

我们首先从中西文化源头来考察。

以儒家为代表的先哲们为中国人创造了一个人生观：人生的意义在于

追求道德的完美。我们只要粗略地翻阅一下四书五经，就不难发现这一点。譬如曾子的《大学》开宗明义："大学之道，在明明德，在亲民，在止于至善。"朱熹称《大学》为"做人的原则与模式""人生建筑工程的图纸"。中国人经过两千多年的修炼，修炼成了"礼仪之邦"。

西方，我们从苏格拉底说起，认为人生的终极目的是追求"真善美"。对善的追求产生了宗教，对美的追求产生了艺术，对真的追求产生了科学。

就总体而言：中国人重视做人，做事服从于做人；西方重视做事，做人服从于做事。在中国人全心全意修炼"仁义礼智信"的时候，西方人一门心思地造火车、造船、造枪炮，捎带造其他东西，学习物理化学和射击。

中西文化各有所长，也各有所短，优势互补。西方人在继续把事情做好的同时，应该学习中国文明，学习中国人做人的原则和思路，在制裁和放导弹的问题上应该慎之又慎，不要在"莫须有"的情况下就采取行动。

中国人应该虚心地向欧美学习，学习他们做事的科学态度，学习他们的创新精神，既要把人做好，也要把事做好。近百年来，中国一直把西方作为参照系和追赶对象的，但更多时候是停留在口号上或并不得法，实质性的进展则应从中国的改革开放算起。这标志着中国"做事的原则与思路"的整体转变到位，它预示着中国新一轮的腾飞。

做事与做人，科学与文明，宛如一只鸟的两翼。

现实世界，科学这个翅膀遮天蔽日，文明的翅膀却病态萎缩，反映在人类科技进步与物质文明提高的同时，人类的幸福指数在走下坡路。具体来说，就是社会价值体现出现了问题，对个体而言，就是人生观出现了问题。

三、中西文明的基本谬误——人性假设的误区

导致中西文明差异的原因之一是文化源的不同，不仅如此，熟悉两种文明的学者一致认为：欧美文明的基本谬误是对人性的错误认识即人性本恶的观念，管理学上的"X 理论"就是一个典型，对人性本恶的假设，使其在人际互动中的行为趋向于表现恶的一面，不得不表现为恶的一面，源于西方的博弈论"囚徒困境"及"纳什均衡"就是典型的表现。为了充分说明这一点，我们不妨从经济学的假设说起。

经济学建立在两个基本假设的前提上：其一，人是自私的，都在追求利益的最大化；其二，人是理性的，其所有行为都是为了实现利益最大化这个目的。以此假设为前提，企业经营的宗旨就是追求股东的利益最大化，对于民营企业而言，企业经营的宗旨当然就是为了实现"企业家"（产权所有者——业主）利润最大化。它表达了绝大多数经营者的主观目的和出发点，但是经不住推敲，它的背后暗含着损人利己的自私，是"恶"的表现，是短视的，是对企业的误导、对文明的反叛。

为了业主的利益是否可以无视广大员工、客户和社会的利益？当业主的利益与员工、客户与社会的利益发生冲突的时候，以为业主赚取最大利润的经营宗旨，暗含着可以牺牲员工、客户与社会利益的潜台词。所以说它是"损人利己的自私"。这种博弈论上称之为"背叛"的行径，也许可以给业主带来短期、现实的效益。但"背叛"使企业与员工、企业与客户陷入"囚徒困境"。"背叛"无法创造共赢，以牺牲、损害企业未来的长远的利益为代价，博弈论对此有令人信服的诠释。所以说以业主赚取最大利益为目的的宗旨是短视的。

那么，企业的经营宗旨应该是什么？

对世界100强企业的研究发现，这些企业有一个共同的特点："一、公司繁荣昌盛；二、员工敬业乐业；三、客户心满意足；四、人类社会受益。"企业的这些特点不是名山大川自然天成，唯有追求才会拥有。也就是说世界百强企业的特点也是它们的追求，这种追求"有资格"成为企业的经营宗旨。这也是"人本管理"的本质。

"有资格"包含两层含义：一、企业只有这样做才是"道德的"；二、企业唯有如此才能繁荣昌盛。

无论经营者的主观上持有什么样的目的，行为上都应兼顾企业与员工、客户和社会利益。业主对自身利益的过分专注必然会忽视、破坏这种兼顾和平衡。员工、客户、社会的利益得不到尊重甚至于被侵害，员工怎么会有积极性？客户怎么会不流失？法律越来越健全的社会怎么会容忍损人利己、损公肥私？

也许，兼顾员工、客户和社会利益，短期并不比追求业主利益最大化更能带来现实的好处，但就长远而言利大于弊。经营者以业主赚利润最大化作为经营的宗旨，其本身就明白无误地说明不是"以人为本"，而是把员工当作赚钱的工具，"以人为本"的虚伪性、欺骗性不言自明。真正的人本管理，譬如山中花开，无论是否有人欣赏，它都灿然地开着，开着不是为了给谁看，本性就是这样。文明人就应该如此！

倘若实行"人本管理"反而使企业的效率降低了，那多半是因为把"人情化管理"当成了"人本管理"，是不善于运用"人本管理"的原因。用墨子的话说是："实践道义，但没有达到预期的目的，不是道义本身存在什么问题，而是实践不得法；就像木匠做不好木匠活，不是圆规和墨绳的问题一样。"（为义而不能，必无排其道，譬如匠之斫而不能，必无排其绳。）

　　以人性本恶建构起来的理论体系带有先天的缺陷和局限，以人性本善为假想前提建立起的理论体系同样具有先天的缺陷和局限，这正是中国文明的基本谬误所在。为善是原则而不是策略，以不变应万变的"以德报怨"的策略是行不通的。中国历史上的"礼治"实践证明，"礼治"一样不能解决自身的异化。

　　欧美管理理论，是以人性本恶为假想前提的，这与欧美文化背景是密不可分的。《资治通鉴》——中国的最大的一部"管理学"著作，就总体而言是以人性本善作为假想前提的。管理学理论，基本上都是以对人性的某种假设为前提的基础上建构起来的。由于前提不是已经被证明的事实，而是某种假设，如果假设不成立——也就是说前提错误，那么在此基础上建立起来的理论体系就是不科学的，从逻辑上讲这是显然的。

　　鉴于以上的认识，我们有理由认为：经济学和现代管理学都存在着先天的缺陷和局限。如何克服这种缺陷和局限？换一句话，管理学不以人性的基本假设为前提那么它以什么为前提？那就是正确地认识人性，因应人性，而不是压抑人性、扼杀人性建立起来的管理理论，才是科学的。

　　那么人性究竟是恶的善的，或者是别的什么样子？人性既有恶的一面，又有善的一面，不同个体的善恶表现不同，同一个体或群体在不同的情境会有不同的表现，即使在相同情境也会有不同的表现，人性所呈现的不确定性和复杂性，使得"人性假设理论"显得苍白，使得"东方遇见西方"这样的议题显得必要和有意义。

　　在此认识基础之上，那么真正的"科学管理"应该是什么样的一种管理？我们给出的回答是："法德管理"。什么是"法德管理"？

　　这里，我们借用中国传统文化中的"德"与"法"的概念，同时赋予它们以新的与时俱进的内涵。我们援引董仲舒对德治的看法："德治并不是完全不用刑罚的德治，而是以德治为主，刑罚为辅。所以德治包含两个内容：一为教化，一为刑罚。教化是管理的根本，刑罚是管理的末梢（《中国政治思想史》）"。德治强调内在自觉外在规范（如礼仪）。"德"的具体内容是，"仁义礼智信"等人文精神，"教化"也就是教育培训，或者可以称之为"文化管理"。

道德政治的推行是有条件的，道德伦理的教育与反省要求有相当的水准，礼仪与"庶人"无缘。道德政治自身存在着极大的矛盾，从善良的愿望出发，未必能达到善良的结果。况且道德政治本身不具备克服自身异化的机制，当社会发生剧烈变化社会矛盾格外突出尖锐的时候，道德政治非但不能救世之急，相反会扩大与加深社会矛盾，所以需要"法治"。

"法治"，完全依赖外在规范，它将外在规范高度条理化、公开化，让人们的思想与行为依照外在规范进行，因而强制性的手段是重要的也是唯一的保障，赏罚是维持与强化"法治"的重要措施。

法治，政治至上同道德至上一样，有着难以克服的自身矛盾。首先，法治是以经营者（或统治者）利益至上，法治的本质是控制与被控制的关系，致使民众自身尊严的维护和自我价值的实现受到压制。其次，法治有着确定的目标，目标一旦丧失，为此目标而设置的种种规章制度就失去依附。而德治则不然，道德完善本身就是目标，而道德的完善是无止境的，所以需要借助德治。

汉朝实行"阴法阳儒""法德并重""王霸杂用"，标志着中国传统儒家与法家两种文化的合流，这是中国文化自律发展的必然选择。

鉴于以上的认识，我们得出这样结论：西方制度化的"科学管理"基本上是"法治"，传统中国的管理趋向于"德治"，各有其优势与局限性，一个因应人性的"科学管理"应当是"法德管理"。

德治，满足了人性的需要，使人性得以舒展，因法的存在不至于放纵；而法治，则有效地制约、规范人性恶的一面，消极的一面，又因德的存在不至于陷入冷酷无情。在这里，提高效率不以把人沦为工具为代价，满足人性的需求而又不至于令工作无序与低效率，两者相辅相成，相得益彰。我们有理由相信："法德管理"才是管理应遵循的基本原则。

四、管理的出发点与方法论差异

《列子·仲尼篇》有一篇孔子答子夏问。子夏问孔子："你怎么看师兄弟中颜回、子贡、子路、子张？"孔子道："颜回在'仁'的方面比我做得好，子贡的辩才比我强，子路在勇武的方面胜过了我，子张个人自律比我做得好！"子夏说："这四位师兄弟都有比你出色的地方，那他们为什么还能恭恭敬敬地把你当老师呢？"孔子说："他们四个人各自在某一特定的方面做得很好，很大程度上与他们的个性有关，但源于性格的特点既很容易成型，同时也很容易失控；一旦失控，再好的特点也会有害的。尽管我不具备他们这样明显的性格特点，从而没有他们这样明显的优点，但我不遗憾……我要通过学习和修炼使各种美德在自己身上和谐、均衡地发展，这也许就是他们愿意把我当作老师的原因吧。"

孔子在这里所说的美德——是体现美德的做人做事原则与思路，也就是说孔子关注的不是个性，而是行为准则。

"源于性格的特点很容易成型，同时也很容易失控"，为什么？原因是特定个体的性格特点一旦成型，其行为方式就是"以不变应万变"。所以，作为领导者，其实不必刻意地去学习某种领导风格。一则源于个性特点的风格基本上可以说不是学习的结果；二是不同风格各有长短，不存在一种适应于一切情境的唯一最佳的领导风格。有效的领导方式就是在特定的时间、地点和条件下，针对不同的对象，选择适当的领导行为。美国华盛顿大学著名管理专家弗莱德·费德勒（Fred Fiedler）的领导权变模型理论说的也是这个意思。那么要学习什么呢？我们应该学习的是符合人性和规律的法则！亦即无论什么风格的领导者都应遵循的法则。对个性特征与人性的研究、认识是为了针对不同的人采取不同的领导方式。

在组织行为学研究中，工作激励理论范畴的内容激励理论（需求层次论、ERG 理论、双因素理论、麦克利兰的成就需要理论）主要分析人类的需求、动机，然后研究探讨采取什么方法满足这些需求、动机。"自从弗洛伊德以来，一直强调分析人类行为的深层动机和真相。而孔子的主张却与之相反。他不注重个性而只注重行为……孔子是为数极少不注重人的个性与心理的思想家之一，他注重人的行为，而不分析行为背后的思想动机。它指明所有行动的规则，然后你只需要遵守这些规则。"（爱德华·德·波诺《六顶思考帽》）

马斯洛的"需求层次论"是研究人的需求，以满足人们的需求作为激励的出发点，在理论上无法自圆其说，在实践中也面临着困境：一是欲壑难填，无论企业怎么做都无法满足员工（人性的）需求；二是人类的有些需求则是需要加以节制的、需要心理上的调适。

不管你是怎样的，而要重视你应该是怎样的，这是孔子的方法论，也是爱德华·德·波诺的方法论，但却不是整个西方人的方法论，是西方人发现的中国人的方法论。

第十一章　补充信仰

一、关于信仰

先简要介绍一下有关信仰的常识。

《新华词典》对信仰有一个解释：信仰，是指人们对某种理论、学说、主义的信服和尊崇，并把它奉为自己的行为准则和活动指南，它是一个人做什么和不做什么的根本准则和态度。信仰属于信念，是信念的一部分，是信念最集中、最高的表现形式。

信仰的形态有四类：一是原始信仰，包括各种原始崇拜，巫术、禁忌，远古神话；二是宗教信仰，包括民族宗教、国家宗教、世界宗教。目前世界上最主要的宗教有基督教、天主教、伊斯兰教、佛教；三是哲学信仰，包括古代哲学信仰，中世纪准哲学信仰，西方近代哲学信仰——理性信仰，现代哲学信仰——非理性信仰；四是政治信仰，譬如社会主义才能救中国。

信仰是怎么产生的？为什么是人类而不是其他生物改变、统治了这个世界？因为人类拥有意识。意识，使得人类能够观察、认识世界，认识自我。也正是因为这种意识，使得人类从诞生开始，便有了信仰。

1. 面对死亡的疑问

生老病死是自然规律，当人类面对死亡的时候，本能的恐惧同时疑问产生了：死亡到底意味是什么？人是否有灵魂？有灵魂的话，人死之后到底是什么状况？人类对这些问题进行思考，但是现实却无法提供明确的答案，于是信仰就产生了。譬如佛教中的"六道轮回"，基督教中的"死亡是救赎"等，它为一些人提供了超越死亡、征服死亡的精神力量。此外，道家的"炼丹术"——制造长生不老药，及寻找长生不老药等，都是人们为超脱死亡所作的努力。

人们为什么恐惧死亡？是本能，也是基于人们对未知的恐惧。

有一位军阀每次处死死刑犯时，都会让犯人选择：一枪毙命，或者选择从左墙的一个黑洞进去而命运无知。所有的犯人宁可选择一枪毙命，也不愿进入那个不知里面有什么东西的黑洞。一次，酒酣微醺，看上去很开心，有人斗胆地问军阀："大帅，你可不可以告诉我们，从左墙的黑洞里进去究竟会有什么结果？"军阀说："走进黑洞的人只要经过一两天摸索便可以逃生。人们通常都是不敢面对不可知的未来。"

——死亡未必可怕，如果死亡是烟消云散那是无悲无喜；如果有灵魂，人死之后，或许比活着快乐也未可知。当然，这不是我在本章要展开的话题。

2. 追寻世界本源

人类拥有意识和思想能力，对世界的观察必然会产生疑问，世界最初是怎么形成的？我们"最初"从哪里来？对世界本来面目的追问，寻找世界的本源，成为信仰发生的根本原因。在这种追问的驱使下，有人选择科学理性的方式去认识世界，有人以心灵的、感性的方式来解释这些问题，这就形成了形形色色的信仰。"进化论"是一种科学信仰，"上帝创世论"是一种宗教信仰。信仰种类繁多，但有一个共同目的——给人类的追问一个回答。选择答案就是选择信仰。

3. 对人生意义的思考

人类从诞生之日起，就具有生物性和精神性的双重规定性。一方面，人和其他动物一样都有基本的生理需求；另一方面，人类又有精神追求。这种精神追求必然指向人生的意义，亦即：人为什么活着？

这种对人生意义的思考，无论答案是什么，信仰随之发生了。

当一个人真正理解什么是信仰，他选择的（不是盲从的）信仰，无论是宗教信仰、哲学信仰抑或政治信仰，就主观而言，必然是"有层次的"。——马斯洛在"需求层次论"中指出，人有"自我价值实现的需求"，需求决定了选择的层次。对信仰的选择，决定了人生价值目标的确立，是今生今世立功立言立德，还是营造来世的美好，总之，人生有的大方向。这个大方向就是人生的理想，要实现人生的理想需要目标来支撑，因此可以说，人生的信仰决定了人生目标。

4. 对人生命运的叩问

不平等与生俱来，有的人出生在富贵的家庭，有人出生在贫贱的家庭；有的是大帅哥、大靓妹，有的人是小帅哥、小靓妹；有人智商高，有人智商低；这是为什么？人类无法预知未来，"天有不测风云，人有旦夕祸福"，人生充满变数，好人有时没有好报，坏人常常呼风唤雨；有人一帆风顺，有人却命运多舛。人生太多的风云际会，需要合理的令人信服的解释，因为这种解释能够给人正视、接受的勇气和力量。因应这样的需求，各种用以解释这些变数和不确定性的信仰产生了。佛教中"因果律"，基督教的"原罪说"，都是这样的解释。

5. 信仰有什么作用

有人说，中国人没有信仰。指的是中国人大都没有宗教信仰，但中国人有哲学信仰。自汉代以后，儒家文化成为中国正统的主流的文化，辜鸿铭先生称儒家文化是"良民文化"，文化的核心是"仁"，儒家思想体系被称为"儒教"，儒教是中国人的信仰，它在社会发展中所起到的作用不比任何宗教逊色。诚然，儒家文化有这样那样的不足与糟粕，世界上没有哪种文化只有精华没有局限性和糟粕。

当代许多中国人没信仰，信仰危机，导致的后果很可怕，所以需要"补充信仰"。

所谓"国家兴亡，匹夫有责"，所谓"从我做起，从现在做起"，每个人都是文化的建设者，无力兼济天下，还可独善其身。在文化建设上，"有为的政府，有效的市场，自律的个人"，这"三足鼎立"才能形成气候。

我写这本书的初衷在《自序》已经说到，就是为文化建设出一把力。而促使这本书早日面世的则另有故事——

继续教育学院的刘院长一次找我谈话，告诉我他很快要调到美国洛杉矶的孔子学院当院长了，他认为孔子学院只讲儒家经典是不够的，中国传统文化应该与时俱进，他希望我能够在这方面有所作为，把我经常讲授的"国学智慧与人生哲学"这一课题尽快写成书，然后到洛杉矶孔子学院开系列讲座。他说，他在洛杉矶等着我去，如果我讲的好，他将把我的这本书（《给人生插花》）作为孔子学院的教材之一。在刘院长的鼓励下，我加快写作进度，夜以继日，差一点写出腰间盘突出，写完之后报告刘院长。刘院长说，他去美国孔子学院当院长的事"泡汤了"。但我的书提前写成了。感谢刘院长！

当然，在文化建设上，仅靠能够坚守下来为数不多的老弱病残的文化人孤军奋战就太悲壮了，"有为的政府，有效的市场"，加上"有识之士"，这"三足鼎立"才能形成气候。

——我们继续讲信仰的作用。

信仰会给我们带来快乐。当然，信仰的作用不止于此，我辑录一组观点、案例，从不同侧面展示信仰的作用。

信仰的作用就是给无法判断善恶对错的人一种简单的方法，不用思考，用信仰信条就可以知道自己所做事情的对错。——显然，这指的是宗教信仰。

英国作家塞缪尔·斯迈尔斯在《信仰的力量》中写道："能够激发一颗灵魂的高贵、伟大，只有虔诚的信仰。"

当代著名作家柳青说："每个人的精神上都有几根感情的支柱，对父母的、对信仰的、对理想的、对知友和爱情的感情支柱。无论哪一根断了，都要心痛的。"

白岩松在他的《我的信仰》中写道，有人问，你为什么还在做主持人？白岩松回答是：因为我依然相信新闻有助于这个时代变得更好。

全世界媒体行业的工资收入，都处于中等偏下水平，媒体工作不是一个能够赚大钱的职业。因此，现在很多有关系的人都去了中石油、中石化、中国移动，都去考国家公务员了。但为什么还有那么多有才华的人依然义无反顾、前赴后继地坚守、从事媒体行业？因为除了工资收入，还有一些情感和精神的收入，有一种改变的欲望和推进改变之后的小小的、卑微的成就感。做新闻的人不能别人失望你也失望，就好比参军——"你不扛枪，我不扛枪，谁来保卫祖国谁来保卫家"一样，那样的话我们的希望在哪里？做媒体一点点地推动改变，让人民看到希望，支撑着人们的幸福指数往高处走，推动着社会往前发展。如果有一天这些信仰"崩盘"了，我就不再干了。有了这样的信仰，就可以忍受日常的悲伤、挫折、打击。

——白岩松如是说。

白岩松结合自己的人生体验谈信仰的作用，并无创见，但我们从中看到了他那颗忧国忧民的"中国心"，看到了他闪光的人格。白岩松《我的信仰》中有一句话："每个人，无论男女老少际遇如何，都应该给自己的精神找一个支柱——信仰，它是最廉价的，但也是最有用的。""最廉价、最有用"，这句大白话通俗易懂，但很到位。

我们"应该"树立什么样的信仰？

佛教上的"自度度人""舍己为人"——譬如地藏王菩萨的宏愿："人生度尽方证菩提，地狱不空誓不成佛"等，它是佛教徒应该树立的信仰。芸芸众生"应该"树立什么样的信仰？

爱因斯坦1921年获得诺贝尔物理学奖时演讲题目是《我的信仰》，开篇是这么说的：

我们这些人总有一死的。人的命运多么奇特啊！我们每个人在这个世界上都只能做一个短暂的逗留；目的何在，却无所知，尽管有时我们对此若有所感。但是不必深思，只要从日常生活就可明白：人是为别人而生存的——首先是为那样一些人，他们的喜悦和健康关系着我们自己的全部幸福；然后是为许多我们所不认识的人，他们的命运通过同情的纽带同我们密切结合在一起。

我每天都上百次地提醒自己：我的精神生活和物质生活都依靠别人（包括活着的和死去的人）的劳动，我必须以同样的分量来报偿我所领受的和至今还在领受的东西。

为家人、为认识的和不认识的人——为他人而活着是爱因斯坦的信仰。无论是宗教信仰，还是哲学信仰，"利他"是其核心内容。换一句话说，无论我们选择什么样的信仰都"应该"是"利他"的，"利他"——对别人、对社会有什么作用及其作用大小，它包含奉献甚至于牺牲精神，并因此而高贵、崇高、甚至于伟大，这是一个人的价值体现。因此可以说，信仰决定人生价值。人因为有信仰而充实、而坚强、而无畏、而持之以恒勇往直前。所以，每个人都应该有信仰。或曰：没有信仰的人不是照样活吗？我的回答是：有信仰能让自己和他人活得更好，何乐而不为？

二、从信仰到理想

信仰以实现理想为己任，信仰决定了理想的品质与走向。

什么是理想？

理想是人们在实践中形成的、有可能实现的、对未来社会和自身发展的向往与追求，是人们的世界观、人生观和价值观在奋斗目标上的集中体现。理想是一定社会关系的产物。它必然带着特定历史时代的烙印。理想源于现实，又超越现实。

理想是多方面和多类型的。从性质上划分，理想有科学理想和非科学理想；从层次上划分，理想有崇高一般大小之别；从时间上划分，理想有长短远近之分；从对象上划分，有个人、组织、社会、国家之分；从内容上划分，理想有政治理想、道德理想、职业理想和生活理想等等。

就个人而言，每个人的理想都不是单一的，而是一个"理想体系"。譬如，我的一个作家朋友，想成为企业家，企业做强做大之后做一个慈善家，想加入九三学社，想把女儿培养成为导演等。其中，作家是他现在的职业，企业家是他的职业理想，慈善家是他的道德理想，九三学社会员是他的政治理想，把女儿培养成导演是生活理想。这些理想并行不悖，构成了他的"理想体系"。

理想有什么作用？

理想是现实性和预见性的统一。理想是相对远大的人生目标，理想确立了人生的追求方向，方向明确才能少走弯路。现实与理想之间存在差距，并因差距产生张力，为了缩小差距必须前进，追求者的意愿是驱动力；理想对追求者的拉动力是张力。打一个形象的比喻，理想就像一棵树，张力就像拴在追求者身上一根绷得很紧的粗壮的橡皮筋。这个张力可以理解为理想对追求者的激励作用。理想确立以后，才知道应该学习什么知识技能，才能够围绕着理想去思考筹划，谋而后动。

三、从理想到目标

目标和理想是什么关系？

理想是相对远大的目标，目标是理想的支撑。例如，我想成为一名编导，拍几部集"思想性、艺术性、愉悦性"为一体的电影作品，这是理想。要实现这个理想，必须写几个电影剧本，必须学习导演技艺，需要资金支持，需要成立一个剧组，需要与院线打交道，需要协调各种关系，需要整合多方面的资源，林林总总，每一项内容都是一个需要达成的目标。理想的实现需要一系列目标的支撑。

什么是目标？怎么设立目标？

个人目标的设立就是生涯规划，这在"把心灵当田种"一章谈过，这里不再赘述。我下面要谈的侧重于组织目标的设立。

目标设立应该注意些什么？符合 SMART 要素。了解管理学常识的人都知道。这是"技术手段"，只掌握这项技术是远远不够的。

有一首歌叫《我的志愿》，其中有一句歌词："很小的时候爸爸曾经问我，你长大以后要做什么？我一手拿着玩具，一手拿着芒果。我说，长大后我要当总统。"

当总统的可能性很小很小，这个理想形同画饼，既不能成为努力的依据，也不是一种鞭策，对人生与事业的发展起不到任何作用。

如何设立一个可以实现的大目标？——这才是目标设立的核心内容。

1. 目标设立的原则与前提

设立一个可以实现的大目标的原则与前提，可以用两个关键词高度地概括：相信并愿意。

目标是对未来的愿望和预测，目标（理想）是起作用还是不起作用，应视我们对待目标的态度而定。如果对于目标我们不相信或不情愿，那么目标就对我们的人生的发展进程不起作用。如果我们相信并愿意，那么目标就会对人生的发展起到促进作用。

用一句话概括：目标，信则灵，不信则不灵。

那么，怎样做才能使目标让人（包括自己）相信并愿意？

第一，目标设立符合 SMART 原则

制定目标应符合 SMART 原则。SMART 是五个英文单词的首写字母：明确、具体的（Specific），可衡量的（Measurable），可接受的（Acceptable），现实可行的（Realistic），有时间限制的（Timetabli）。符合 SMART 要素，才是可信的。这部分内容是管理学常识，这里不予展开。

第二，设立共同目标

何谓共同目标？

众人准备三天打一口井，这是目标，打井干什么？用水。目标是服务于目的的。什么是共同目标？就是目标实现以后，各人的目的都能达到。打井的人目的可能不一样，有的人是为了饮用，有的为了浇园，但这不影响他们共同打井。三天打一口井是共同目标。

第三，推销目标

即使目标设立符合 SMART 要素是完整的，目标是共同目标，兼顾了组织所有人的利益，但这不能保证组织成员相信并愿意，因为组织成员不一定理解、清楚。正如我们生产出物美价廉的产品一样，也不能想当然一厢情愿地认为人们就会自然而然地去购买，还需要宣传，需要推销。

2. 设立共同目标

《西游记》里唐僧、悟空、八戒、沙僧师徒四人，外加一匹白龙马去西天取经，西天是他们的共同目标。唐僧取经的最终目的是为了普渡众生；悟空八戒沙僧白龙马是为了赎罪获得自由之身，然后悟空去做美猴王，猪八戒想回高老庄，沙和尚的去向有待揣摩。目的不同，但这并不影响师徒同心协力斩妖除怪，历经艰险，西天取经。目标达到了，各人的目的都能实现，这样的目标才是组织的共同目标。如果组织所定的目标反映的只是"老板"的愿望，跟组织成员没多少关系，那么这个目标就不是组织的共同目标。

目标不是目的，目标服务于目的，没有目的的目标没有意义。

在《西游记》中，唐僧到西天取经时，孙悟空被压在五行山下，鼻子耳朵里都长草，相当于现在的在押犯人，猪八戒、沙僧是在逃犯。沙僧在流沙河做妖怪，猪八戒在高老庄冒充良民做了高员外的乘龙快婿。他们先后受观音菩萨的点化追随唐僧西天取经，几个阅历不同、性格各异的人有了一个共同的目标：西天。取经的过程，对于孙悟空、猪八戒和沙和尚而言，相当于劳动改造的过程。

师徒四个西天取经，目标一致，但是各人的目的是不同的。唐僧取经的目的是普渡众生，孙悟空、猪八戒与沙僧的目的是为了赎罪，获得自由之身。达到目标之后，各人的目的都可以实现。师兄弟三人都获得了自由，孙悟空想回花果山就回花果山，猪八戒想回高老庄就回高老庄，沙和尚想还俗就还俗，不想还俗就继续当和尚……像西天这样的目标，就叫做共同目标。

如果西天取到真经之后，唐僧回到大唐普渡众生了，而孙悟空仍被压在五行山下，猪八戒、沙和尚仍然过着流亡的生活，那么谁还肯出力？即使迫于形势不得不去，也是"当一天和尚撞一天钟"，没准到现在还在取经的途中。

如果企业设立的目标，只从股东或企业主自身的利益出发，目标达成后股东和企业主达到了自己的目的，而员工生命状态依旧，没有达到自己的目的，员工就会"得过且过"，不能或不愿"得过且过"的就跳槽，哪里会有什么积极性或者奉献精神？

我们要设立共同目标，目标实现时员工会得到什么，应该让他们清清楚楚地知道。共同目标使人们对未来充满希望，能够充分调动广大员工的积极性、主动性，并愿意为之而奋斗。

远景规划是领导者的主要工作内容，杰克·韦尔奇认为：领导是一种能将其想做的事或发展设想形成一种远见，并能使其他人理解、采纳这种远见，以推动这种远见成为现实的人。

3. 远景规划，盘活人心

《三国演义》第一回《宴桃园豪杰三结义，斩黄巾英雄首立功》：

黄巾军"天公将军"张角领兵攻打幽州。幽州太守刘焉见"贼势浩大"，随即出榜文招募义兵，引出涿县一位英雄刘玄德。玄德"生得身高七尺五寸，两耳垂肩，双手过膝，目能自视其耳，面如冠玉，唇似涂脂"，时年二十八岁。刘玄德见了榜文慨然长叹。身后的张飞厉声叫道："大丈夫不为国家出力，叹什么气？"刘玄德说："我本是汉室宗亲，姓刘名备，今闻黄巾起义，想破贼安民，恨力不从心，所以长叹。"张飞说："我是杀猪公司的总经理，家中有些闲钱，用来招兵买马，与你一起同举大事，怎么样？"刘备求之不得，哪里还会不同意？于是同到乡村酒店喝酒。酒店中遇到杀人犯关羽——杀了个仗势欺人的恶霸后出逃的关羽，刘玄德又把自己的志向告诉了关羽。关羽大喜。对于喜欢杀人的关羽来说，当兵很对路子，因为那样杀人就变得堂堂正正，杀人越多越有名气。

　　——有钱的张飞，傲慢的关羽，为什么会追随了织席卖鞋的刘备？因为刘备相貌堂堂看去不像等闲之辈，因为刘备是汉室宗亲——用现在的话说是品牌，且有"破贼安民，为国效力"的大志向。倘若刘备在看榜文之时，一声长叹。张飞问："为什么叹气？"刘备说，"兄弟，天下大乱了，占山为王打家劫舍发横财的机会到了！可惜没有志同道合者。"张飞听罢，觉得俗不可耐，愤然而去。张飞刘备的对话恰巧被关羽听见，关羽觉得此人留着也是个祸害。一个牛也是放，十个牛也是放，已经杀了一个人，多杀一个又何妨？想罢，抽出刀来，捅进刘备腹中，刘备翻了翻白眼，顿时就断了气。那里还有什么"桃园三结义"？

　　需要说明是，此时刘备身份与志向可以吸引杀猪的张飞和杀人的关羽，但是却不能吸引诸葛亮。如果这时刘备背着草鞋前往卧龙岗，说什么"破贼安民为国效力"之类的话，并且三顾茅庐，会如何？诸葛亮的童子早就烦了："你这个卖草鞋的真烦人！我们家的主人编的草鞋比你编的这破草鞋强多了！"如果刘备一味地纠缠不清，童子唤出一条恶狗，上！恶狗向刘备扑去，刘备吓得屁滚尿流狼狈逃窜，草鞋掉了一地，再也不敢骚扰诸葛亮。如此看来，对于大才，志向小不行，仅有志向没有实力也不行。

　　让我们看看，刘备三顾茅庐时是如何向诸葛亮谈志向的。当孔明问："愿闻将军之志。"刘备说："备不量力，欲伸大义于天下……"所谓"欲伸大义于天下"换句话说就是要当皇帝，其志向已经不再是"为国效力"

了。刘备拜请诸葛亮出山，诸葛亮执意不肯，玄德大哭——顺便提一下，刘备的哭的水平是一流的，基本都能哭到点子上。刘备哭道："先生不出山，天下老百姓可怎么办啊？！"诸葛亮被感动了，随后追随刘备，"鞠躬尽瘁，死而后已"。刘备统一国家让老百姓过上太平日子的志向，"信义布于四海"的人格魅力，是诸葛亮追随他的原因。

假如刘备三顾茅庐时，诸葛亮问刘备："愿闻将军之志。"刘备说："我想当个县令，缺个师爷。听司马德操和徐元直说你有两下子，只要你跟我混，保你吃香的喝辣的。"诸葛亮能活活气死，气不死也绝对不会随刘备出山，天天高卧隆中，可以把头睡扁，然后换一个方向慢慢地校正。

志向的大小与品位的高低，决定了追随者的品质与状态。对于企业而言，简单地说：组织的目标远大，才能够吸引、凝聚、激励员工为之奋斗。

为什么组织目标远大能够起到这样的作用呢？因为它为人才提供了施展才华的舞台和发展的空间。这里的"发展空间"——包括职位晋升空间、能力成长空间、知名度提升空间、利益增长空间等。

春秋时期，法治使秦国社会井然有序，以此为保障，秦国把富国强兵一统天下作为自己的目标。在这个伟大的目标刺激下，社会各阶层都希望在兼并战争中改变自身的地位，获得更高的权位和财富，因而对战争充满了热忱，社会充满活力，社会矛盾缓和，从而使秦国的国力得以保持高度的集中与强盛，在长达百年的兼并战争中越战越强，最后统一中国。

刘备"欲伸大义于天下"，秦国的"富国强兵，一统天下"，涉及的都是"发展空间"问题。对于企业而言，有"发展空间"的存在，才能使员工处于"激活"状态，有发展空间的存在，企业才会生生不息。

我们必须承认并面对这样的事实：即使我们的目标、愿景设计无论如何周密，以及我们如何努力，并不能保证所有设立的目标、愿景都能全部实现。即便如此，也同样有意义。我们仍以故事说法（治疗目盲的一种方法）。

一位道士医术高明，闻名遐迩，一位盲人登门求医眼睛。道士说："能不能治愈，全在于你的心诚与不诚，心诚则灵。"盲人道："如何心诚？"道士开了一付处方，折叠好交于盲人说，"你把这付处方收好，每天依旧去弹琴卖唱，当你弹断一千根琴弦时，再打开这个处方，请人代为抓药，必可重见光明。"盲人千恩万谢。为了重见光明，盲人天天都满怀希望地去卖唱。每弹断一根弦，盲人就多一份欣喜，断弦的声音是盲人心中最动听的旋律。草木枯荣，岁月明灭，年复一年，四十年过去了，白发苍苍的瞎子终于弹断了一千根弦。他兴奋地拿出道士的处方，请人代为抓药。人们看了又看，哪里是什么处方？只是一张白纸！盲人的瞎眼里流出了泪水。突然，他仰天长笑，渐渐，笑凝固在他的脸上成为永恒。

"道士的秘方"——是一个美丽的谎言，但是有没有这个秘方，盲人四十年的生活品质状态是不一样的。没有这个秘方，就是绝望的四十年；有这个秘方，盲人的卖唱生涯，心中始终充满对光明的向往！这四十年的漫漫人生之旅，充满了希望和阳光！

有无希望，一个是地狱，一个是天堂。作为国家，怎么能不给人民以希望？——中国梦是人民的希望；作为企业，怎么可以不给员工以希望？企业的愿景是员工的希望。企业家应该、也必须为自己和员工造梦——规划远景，盘活人心。造梦不是画饼充饥玩厚黑学蒙蔽员工。人的智商差不到那里去，耍小聪明终究摆脱不了聪明反被聪明误的宿命。

第十二章　法德管理

整体包含着部分，部分也包含着整体。譬如克隆技术，用你的一个细胞，就可以克隆出一个和你一模一样的人；当你明白一粒沙子，你就明白了整个世界。个人管理、家庭管理、组织管理、地方管理乃至国家管理本质是相通的。

法德管理原则上汲取儒家法家思想之精华，融西方管理学之精髓，融会贯通，中西合璧，内外兼修，亦道亦器。法德管理是自我管理、组织管理乃至国家管理行之有效的管理原则。

法德管理是我学习、思考、教授管理学二十年的心力结晶，本想把法德管理铺陈开来写成一本书，但因事务太多、精力有限而写成一篇文章。这篇文章有如下几个方面的内容：

一、法德管理历史实践概述

二、儒、法思想的基本特点

三、什么是法德管理

四、制度化建设

这样一来很难做到面面俱到，但框架清晰。有档次的人读书举一反三，节省了阅读的时间，何尝不是件好事？至于在学识上不上档次的人，纵然面面俱到也没用，因为他们根本就不读书，跟我的书没有交集点。反过来说，我的书也不是为这些人写的。

对于教学，我不满足于采撷，呈现"花和草"，意欲奉献"奶与蜜"。

——像一头奶牛，把草变成奶；像一只蜜蜂，把花变成蜜。相信对管理学、管理实践有兴趣的人——无论是哪个层面的管理者，读此文不会感到失望。

一、法德管理历史实践概述

中国式的管理是法德管理。法德管理是行之有效的管理原则。为什么这样说？这就得"从头说起"——阅读需要耐心。

周族以蕞尔小邦，人力物力远逊于殷商，逐渐"三分天下有其二"，最后据有中原，这不仅仅是战略的运用，也不仅仅是依据强大武力的征服，而是一个"天下归仁"的过程，亦即实行"礼治"的结果。

历史进入春秋战国，大一统的周王朝早已名存实亡。大国要争霸，小国要保土，都需要争取民心，以实现各自不同的政治目的。而新兴的政治势力，更是将讨好、争取民心作为要务。

在晋国历史上，晋文公与晋悼公两度使国家强盛，称霸于世，都是实施仁政的结果。晋国政治最终被几家强大的宗族把持，他们纷纷实行经济改革，废除了"百步为亩"的井田制，以争取民众扩大实力。其中范氏、中行氏以一百六十步为亩，智氏以一百八十步为亩，韩氏、魏氏，以二百步为亩，而赵氏采用最大亩制，以二百四十步为亩。晋国最终为韩赵魏三家瓜分。

齐国的田氏在借贷时，不仅没有高利贷，反而采用大斗借出小斗收回，造成"公弃其民"，而田氏则得到民众的爱戴，"其爱之如父母，归之如流水"。田氏家族最终取代国君，成为新君。

鲁国国君被三家贵族势力联合赶出国外，死在异乡，鲁国人民不认为这是大逆不道，反而评说"社稷无常奉，君臣无常位"。鲁国国君失去民心，从而失去天下。

于是，孟子笃信"仁者无敌"，但事实并非如此，实行法治的秦国在与实行道德政治的六国博弈中取得了优势。战国七雄博弈的结果是"虎狼之师"秦国统一了中国。

强秦统一中国，说明法治在强化权威取得兼并战争胜利方面的积极作用，也让我们看到了道德政治的局限性，但是否据此可以说"法治"是理想的政治模式呢？秦始皇曾合计着做皇帝的事，要从"一世二世以致万世"。但结果呢？"戍卒叫，函谷举，楚人一炬，可怜焦土"。陈胜、吴广起义，并引发六国贵族的复国运动，刘邦、项羽高举反秦大旗，秦国"二世而亡"。

对于秦王朝覆灭的原因，杜牧在《阿房宫赋》里说："灭六国者，六国也，非秦也。族秦者，秦也，非天下也。嗟乎！使六国各爱其人，则足以拒秦。使秦复爱六国之人，则递三世可至万世而为君，谁得而族灭也？"

杜牧认为六国所以灭亡是因为六国不能爱其民，这种观点有待商榷。而秦国的灭亡在于不能"爱人"，亦即缺乏"德治"，则无可争议。

秦国的灭亡证明法治的政治模式，在治理国家方面同样行不通。

传统的法治与道德政治都存在着自身无法克服的矛盾，同时也都有其积极的方面与合理的内核。从主观上积极地推动法德两种智慧融合的，是战国后期的一位哲人荀子。荀子是大名鼎鼎的李斯和韩非子的老师，受业于儒家，但他没有拘泥于儒家思想范畴，而是批判地继承了先秦诸子百家的思想，甄别各种政治智慧的优劣，从而提出了自己的"儒法并重，以法为主"的观点。

荀子非常欣赏秦国的政治，当他到秦国参观后，对社会的公私分明，治理井然有序发出了由衷的赞叹：政治简明，百业兴旺，国力昌盛，真是治国有方。只可惜，如果从"王道仁政"的角度去衡量还差得很远，为什么呢？看来是缺乏道德政治啊！故而要王霸兼施，儒法并重，缺少其一，政治就不稳定，这正是秦国所短啊！

"秦末楚汉相争，并归于汉"。汉王朝统治者对秦国的灭亡有着清醒的、深刻的认识。汉高祖得天下，废除暴秦的严刑峻法，"约法三章"，深得民心。汉武帝采纳了董仲舒提出的"德治"的主张：政治上实行君主专制制度，在思想文化上"罢黜百家，独尊儒术"。

汉代的"德治"（政治特征）汲取了儒家、法家两种政治智慧，其实质是"阴法阳儒""刚柔相济""王霸杂用"，表明一度对立的儒家与法家的政治思想经过长期的冲撞与磨合，最后联姻、融合。这两种政治智慧的合流是历史的客观选择，是中国传统文化两极自我完善与自律发展的必然结果。

但是，汉代所实施的"德道政治"，不同于先秦的礼治，先秦的礼治是只重教化、重礼，不用刑罚，不重法度。而汉以后的"德治"，是"以德为主，以刑罚为辅"的德治。重教化、正法度，教化与刑罚并用。汉王朝实行的道德政治其实质是法德并重，亦即所谓"法德管理"，之所以当时不叫"法德政治"，是因为暴秦的严刑峻法给人民留下了极其恶劣的印象，所以即便汲取的是儒法两家的政治智慧，也避而不谈"法"字。

自汉高祖后两千多年，就总体而言，"法德管理"是历代王朝的政治特征，时至今日，"以德治国"和"以法治国"的方针，深深地打上传统的法家与儒家思想的烙印。

历史的实践证明，"法德管理"是一种行之有效的政治模式。

中国传统的儒家与法家的文化及管理智慧，对自我管理、企业管理以至于现代国家管理都具有重要的借鉴意义。

中国传统文化、文明是世界文明的瑰宝，我们理应继承与发扬，但传统文化不是包医百病的"祖传秘方"，有精华也有糟粕，且世事沧海桑田，时过境迁，即使是优秀的传统文化，也会有一些不合时宜。所以，我们对历史文化理应采取审慎的"批判继承"的态度。

同时，中国文化应该是开放型的、动态的和不断发展的文化体系。事实上，在世界经济一体化的今天，各种背景的文化都是开放的、动态和不断发展的，是"不以人的意志为转移的"。

傲慢与偏见，掩耳盗铃最终吃亏的是自己。我们对待历史文化和西方文化的态度，应该是"古为今用""洋为中用"；既不崇洋媚外、全盘西化，也不自我封闭、妄自尊大。

——听起来像老生常谈，但却是我们学习借鉴传统文化与西方文化的不二法门。

当然，我们现在提出的"法德管理"，不是翻版、克隆汉朝的"阴法阳儒"的道德政治，而是在此基础上的创新与发展，我们赋予它与时俱进的新内容，亦即"法德管理"。什么是"法德管理"？要透彻理解，就必要了解、回顾儒家的思想特点和法家的思想特点。——这对于国学修养好的来说有些多余，但阅读时这一节可以跳过。

二、儒、法思想的基本特点

1. 儒家思想的基本特点

儒家学派的创始人是孔子，是春秋战国时期最重要的思想流派之一，主要人代表人物有孔子、孟子、荀子。儒家认为人生的意义在于追求道德完善。"大学之道在明明德，在亲民，在止于至善。""德"不仅是人们实践应遵循的原则，达到目的的手段，更是人生的终极目的——人生的终极目的就是道德的完善。

儒家思想的特点之一：崇尚礼治。

在实行宗法分封制的周朝（先秦），虽同为姬姓，由于割据一方，天长日久也易造成离心势力，在这样一种族群林立，中央政权力量并不强大，还不能建立起严密政治控制体系和强大军事力量的前提下，要想建立起大一统的相对稳定的国家，必须有一种凝聚力，这种凝聚力就是共同的血源。基于血源关系从伦理、亲情等道德因素出发的行为规范，符合诸侯及人民的利益，可以被广泛地接受，从而能够得以实行，这就是礼治，道德政治是在礼治的基础上发展起来的。

道德是政治的灵魂，礼就是政治的载体。在中国古代，"经礼三百，曲礼三千"，经礼是国家正式制定与实施的大礼——相当于宪法，曲礼是日常生活中普遍运用的礼节，社会各阶层都有其明确的责任与义务，事无巨细，皆有礼可依。

儒家思想的特点之二：重视伦理道德的作用。

儒家思想的重要特征是对伦理关系的重视，崇尚"仁、义、礼"。仁者爱人，义就是使自己达到仁的境界，礼是仁义的表现形式。"仁、义、礼"是儒家学说中的核心思想。

儒家思想的这两个基本特点，到汉武帝时，董仲舒把它概括为"三纲五常"。三纲是：君为臣纲，父为子纲，夫为妇纲。五常是：仁、义、礼、智、信。

儒家把道德作为政治的根本，"为政以德"，就是以道德高下作为衡量政治好坏的标准，就是将政治的实施过程等同于道德的感化过程。道德不仅是实现目的手段，更是人生的终极目的，道德政治在不同思想家那里有不同的表达方式，孔子称为"有道"，孟子称为"仁政"，墨子称为"兼爱"。

儒家思想的特点之三：重教化、推己及人。

"德禁于未然之前"，——道德的作用在于行为之前，通过教化，使人们在思想上接受"德"观念，在行为合于礼，禁恶行于未然，从而实现人与人之间的关系和谐、进而达到社会的和谐。

"德治"是沿着"修身、齐家、治国、平天下"这样一个推己及人的过程来实现的，这是个由自我管理到组织管理再到国家管理的过程。

道德政治的局限性。

道德政治所追求的境界是国家与国民处在一种和谐、稳定、互动的关系中，国君以仁待民，国民以礼事君，虽然不否认等级制度和贫富差别的存在，但政治却以道德的尽善尽美作为终极的追求目标。道德政治在先秦是政治的主流。

孟子曾说："仁者无敌"——道德政治无敌于天下，但是事实证明并非如此。道德政治本身存在着许多悖论，隐含着自身无法克服的巨大矛盾。

六国废除"井田制"的经济改革，可以讨好民众，不能不说是爱民吧？它可以实现"藏富于民"，可以赢得国内人民的民心，但却是一柄双刃剑：经济改革无法实现国力强盛，不利于富国强兵，又如何能抵挡强秦的入侵呢？——这应该是道德政治的一大悖论。

"仁者能仁与人，而不能使人仁；义者能爱于人，而不能使人相爱。"（《商子画策》）。——你用爱心对待他人，不能使他人有爱心；你爱别人，但是不能使人与人之间彼此相爱。好心未必得到好报，良好的愿望未必有良好的结果。在社会发生动荡时期，面对乱臣贼子，道德显得无能为力。对此，孔子也是徒唤奈何，于是说出下面的话来："危邦不入，乱邦不居。天下有道，则现；天下无道，则隐。邦有道，贫且贱，耻也；邦无道，富且贵，耻也。"——"危险的国家不要去，混乱的国家不要住。天下太平，政治清明，就出山；天下不太平，政治黑暗，就隐而不出。国家大治，你无所作为，丢人；国家大乱，你却发达了，丢人！"

——这是道德政治的又一悖论。

道德政治既不能实现富国强兵，又对乱世无能为力，这是它的软肋。

2. 法家思想基本特点

前期法家的代表人物有李悝、商鞅、慎到、申不害，后期法家思想的代表人物是韩非。

法家思想的特点之一：主张实行极端的君主专制统治。

君主专制制度是独裁统治，君主利益至上，民众必须绝对服从君主的意志。通过系统的社会管理，将民众组织起来，通过法令法规监督和强化国民的责任与义务。

法家主张君主操法、术、势三柄，驾驭群臣，统治人民。

法家思想特点之二：重视法治的作用。

法家主张治国"一断于法"，这里的法是"法治"。中国古代社会不存在实质意义上的法律制度，法家的所谓"法治"是刑罚和行政命令。法家执法可以用六个字来概括：一赏、一刑、一教。

"一赏"，就是利禄、官爵的赏赐只集中于战功，而不问其他。不论贫富贵贱，不论聪明愚笨，不论有无德才，"不管是白猫黑猫，抓到老鼠的就是好猫"。只要全心全意、出生入死地为国家效劳，就能得到相应的利禄与官爵。这就必然要彻底地革除依赖门第获得地位与富贵的传统政治格局，突破以往政治大门只对贵族敞开、不许百姓染指的狭隘传统，为所有社会成员提供了建功立业的机会。

"一刑"，就是废除"刑不上大夫，礼不下庶人"的旧俗，无论贵贱高低，从上到下，有法必依，违法必纠，"王子犯法与庶民同罪"，不是"将功折罪"，不是"将官折罪"，惟其如此，才能真正树立"法"的威信，使之在社会生活中发挥决定性的作用。商鞅不惜向违法的王太子开刀，将他的老师谷子虔割去了鼻子。

"一教"，法治的实施，首先要求制定统一、明确的赏赐、刑罚制度，这是相对容易做到的。

"一教"，就是"一赏"、"一刑"的法家思想教育推动和被广泛理解、接受的过程，这个过程也是把全民的思想和行为纳入法治轨道的过程。它要求破除世袭的政治传统和等级制度，它必然导致贵族势力的反弹、抵制，注定了"一教"过程的艰巨性。"一赏、一刑、一教"三者的有机统一是法治的基本思想。

法家思想特点之三：主张实行富国强兵。

法治社会有着确定的目标，那就是富国强兵，在兼并战争中获得最后胜利。秦国在一统天下这个远景目标激励下，通过严密系统的法令法规把国家管理得井井有条，使社会充满活力，社会矛盾被减小到最低限度，所有社会阶层都希望在兼并战争中改变自身的地位，获得更高的权位和财富。秦国故而能使国力保持高度的集中与强盛，在长达百年的战争中越战越强。东方六国因结构松散，缺乏管理，内部矛盾重重而越战越弱，最终被一一消灭。

"法治"的局限性。

"法治"同样有着难以克服的自身矛盾。

秦统一后不久，就爆发了以陈胜吴广为首的农民起义，并引发了东方六国旧贵族的复国运动，秦帝国迅速崩溃。

一度强盛无敌的秦国此时为何如此不堪一击？原因之一，秦国在统一目标完成的同时，最高的社会目标相应地丧失，为此目标而设置的种种法规失去了依附，民众失去了曾经源源提供的权位的吸引，社会失去了凝聚力量，民心涣散，无法集合起来抵御起义与六国暴动。

其次，秦国实行君主专制统治。这样的政治失去调节与监督，失去约束的结果就会走向极端。暴政法治的严刑峻法、沉重的劳役不得人心，人民难以忍受，揭竿而起。失民心者失天下，秦国"二世而亡"是历史的必然。

道德政治与法治一样，都是从君主利益出发的，这两种政治都不可能对君主的权力形成真正的约束，都不能克服自身的异化，这是中国先秦政治的最大缺憾。

三、什么是法德管理

下面我们用一个案例来形象地说明什么是法德管理。

火车道上来了一列火车。在正常行驶的铁道上有十个孩子在玩耍，在废弃的岔道上有一个孩子在玩耍，你是个扳道岔的，千钧一发之际有两种选择：扳和不扳。不扳，十个孩子完了；扳，一个孩子完了。扳还是不扳？

假设扳的话，我们问的第一个问题是，在废弃岔道上玩耍的孩子有过错吗？没有。唯独一个守规矩的你把他干掉了。这是不公平的；第二，这是什么车？货车还是客车？这是个废弃的岔道，扳上去会不会出轨？第三，谁让你扳了？没人让你扳你扳了，造成客车出轨人员伤亡惨重的结果，必定会受到法律的严厉制裁，即使只造成一个孩子的伤亡也会坐牢的。无论从国家的利益出发，还是从自身的利益出发，都不应该扳。不扳，十个孩子完了，但是，每个人都应该为自己的言行负责，这难道有什么问题吗？

在我讲学的职业生涯中，当我问到这个问题，多数人的回答扳，少数人认为不能扳。有一次例外。我在杭州为一家国企中高层管理人员讲课，我问扳还是不扳，一百多个高管异口同声回答：不扳！我问：有老师讲过这个案例？大家都说没有。我感到很惊讶，感叹：诸位的管理学学得太棒了！而且反应敏锐。有位学员说：我们是杭州铁路的，还不懂得这个？

按游戏规则办事，不能扳，这个道理很简单，一听就明白。但是，如果在正常的铁道上玩耍的十个孩子中有一个是你家的，你扳吗？只怕想都没想就扳完了！人是有血有肉有情有义的，而法律制度是不讲人情的。有情有义的人执行不讲人情的法律制度是相悖的。这是徇私枉法官官相护人情化管理的根本原因。难道这是个无法解开的"死结"吗？当然不是。解决这个问题有两个思路。

其一，通过教育培训，让大家明白这样一个道理：组织的经营管理就好比演一个电视连续剧，我们每个人都在这部戏中扮演一个角色。无论演员与演员之间是什么关系，但到台面上，我们就应该说角色说的话，做角色做的事，公私分明，不能把演员与角色的关系混淆在一起。这又引申出另一个概念——"团队学习"，领导懂得这个道理，部下不懂，领导奖励他，他会认为领导对自己不错；领导罚他，他会认为领导对他有意见。倘若通过团队学习，使部下理解并不难理解的角色与演员的关系，奖罚就变得相对容易。

其二，假设没有孩子在正常的行驶的铁路上玩耍，那就不会出现扳与不扳的尴尬局面。怎么才能让孩子们不到铁路上玩耍？铁路部门是怎么做的？首先设立护栏，果真有孩子在行驶的铁路上玩耍，列车也要开过去。这是制度化和规范化。制度化，体现的是人与人之间的关系，譬如国家的法律制度、公务员守则、员工守则。规范化，体现的是人与物之间的关系，譬如部门职责、个人的职务说明书、工作的方法与流程等。制度化、规范化恰是"法"的核心思想。此外，还要对孩子们进行宣传教育，让他们知道不能在火车道上玩耍，宣传教育叫文化管理；教育不是万能的，孩子们还必须自觉自律去遵守，自觉自律叫自我管理。自我管理与文化管理，恰是"德"的核心思想。我们把铁路部门管理铁路的原则叫"法德管理"，换一句话说，我们用铁路部门管理铁路的案例来形象地表达"法德管理"。

法者，就是制度化与规范化；德者，就是自我管理和文化管理。所谓法德管理就是制度化、规范化，自我管理、文化管理为一体的管理原则。

对于管理而言，除了法德管理之外，还有什么其他的管理原则？我听到最多的回答就是"人性化管理"。什么是人性化管理？要明白什么是人性化管理，首先要了解人性。管理的主体与客体都是人，对人性缺乏认识，管理就无从谈起。

管理学理论，是在对人性作某种假设的基础之上建构起来的。

熟悉两种文明的学者一致认为：欧美文明的基本谬误是对人性的错误认识，即人性本恶的观念。欧美管理学理论是以人性本恶为假想前提的。管理学上的"X理论"就是一个典型，对人性本恶的假设，使其在人际互动中的行为趋向于恶的一面，以人性本恶为前提的，必然导致行为上的恶性互动。

中国传统文化，就总体而言是以"人性本善"作为假想前提的。以人性本善为前提，行为上表现为善良型（合作型），在博弈游戏中，以不变应万变的"以德报怨"策略行不通。

由于前提不是已经被证明的事实，而是某种假设，如果假设不成立——也就是说前提错误，那么在此基础上建立起来的理论体系就是不科学的，从逻辑上讲，这是显而易见的。

鉴于以上的认识，我们有理由认为：东方西方管理学都存在着先天的缺陷和局限性。如何克服这种缺陷和局限性？换一句话，管理学不以对人性的基本假设为前提，那么它以什么为前提？——以对人性的正确地认识为前提，在此基础上建立起来的管理理论才是科学的。

人性究竟是怎样的？人性既有恶的一面，又有善的一面——"一半是天使，一半是魔鬼"，不同的人（或群体）的善恶表现不同，同一个人（或群体）在不同的年龄时期善恶表现不同；在同一时期的不同的情境下表现也不尽相同。人性有两面性、呈动态的不确定性。

了解了人性，我们才可以探讨人性化管理。人性既有善的一面，又有恶的一面，对于这样的"人"，我们应该采取什么样的管理原则？——法德管理，法德管理就是人性化管理。

"德"治符合人性，它使人的自尊心、尊严得到了维护、满足了人们对情感的需要，使人的自尊得到呵护，又因法的存在规避人性的放纵，以至于触犯法律或惰性发作；法治，则有效地制约、规范人性恶的消极的一面，又因德的存在不至于陷入冷酷无情及工作的低效率。东方六国的灭亡让我们看到有"德"（礼）无"法"的结果，秦国的灭亡又让我们看到有"法"无"德"的悲剧。法德相辅相成，相得益彰。我们有理由相信；法德管理才是企业管理乃至国家管理应该遵循的管理原则。

《三国演义》里"诸葛亮挥泪斩马谡"是法德管理典型的案例。

孔明斩马谡是正法，挥泪是情是德。挥泪斩马谡是一方面要维持组织纪律，一方面要跟下属保持良好的关系，孔明之所以被现代管理学家推崇为中国历史上的管理大师，可谓名副其实。

不妨再打一个比喻："法德管理"如同大禹治水：大禹治水采取"导"的策略。顺应水往低处流的"水性"，把水"导"向东方大海，但与此同时，加高加固黄河堤岸，其实是"堵"其南北流向。大禹治水实际上采取的是"以导为主，以堵为辅，导堵结合"的策略。如果只导不堵，水就会向南北方向泛滥。人性如水，"法德管理"如同大禹治水。

法德管理是中国式的管理，无论是从人性的角度考察，还是从中国政治的实践观察，它都是行之有效的管理原则。法德管理原则是制度化、规范化，是自我管理和文化管理。什么是制度化、规格化？什么是自我管理、文化管理？制度化、规范化，自我管理、文化管理的方法与流程是什么？对这些问题如果以"法德管理"为题的讲座展开来讲，需要一天时间，形成文字就是一本书了，这里不予展开。

寓德于法——"仁慈"的船主

澳大利亚从前只有土著人居住，后来英国把这里当作流放犯人的地方，这些犯人代代繁衍，久而久之，就形成了今天的澳大利亚国。而在运送犯人流放服刑的途中，发生过这样一个故事：

承担运送犯人任务的都是些私人船主，他们接受政府的委托，当然也要收取相应的费用。一开始，英国政府按照上船时的犯人的人数付费用，于是，船主为了牟取暴利，想尽种种办法虐待犯人，克扣犯人的食物，甚至把犯人活活地扔下海，导致运输途中犯人的死亡率居高不下。

后来，英国政府想出一个办法：他们改变了付款规则，按照活着到达目的地的人数付费。于是，船主们又想尽办法让更多的犯人活着到达澳大利亚，饿了给饭吃，渴了给水喝，大多数船主甚至聘请了随船医生，"伺候"犯人就像伺候病中的父母或兄弟姐妹，犯人的死亡率最低降到1%。

在这里，我们看到只是付款规则的变化，但差之毫厘，本质上有天壤之别，后者便是"寓德于法"，换句话说，这一付款规则——"法"，体现了以人为本的价值理念。法与德一体两面，形神合一。

法德管理（人性化管理）误区

鲁大夫孟孙打猎，活捉一头小鹿，交门客秦西巴收管。秦西巴听到母鹿哀啼，动了恻隐之心，偷偷地将小鹿放了。孟孙一气之下，将秦西巴炒了鱿鱼。一年后孟孙又把秦西巴请回来做他儿子的老师。有人问孟孙为什么这么做，孟孙说，他对一头小鹿尚且如此，所以他绝对不会加害我的儿子，把儿子交给他我放心。

魏大将乐羊带兵进攻中山国，而乐羊的儿子在中山国做官。中山国告诫乐羊，再不停止进攻的话，就把他的儿子煮成汤"慰劳"他。乐羊不能因私废公。中山国将乐羊儿子煮汤送给乐羊喝，乐羊一饮而尽，中山国人吓得开城门投降了。魏王对乐羊拓疆之功予以重赏，但十分猜忌：一个连儿子做成汤都敢喝的人，什么事做不出来？

刘向就这两件事发表评论说："乐羊以有功而被猜疑，秦西巴有罪反而更加受到信任，原因就在于有没有一颗爱心。"

这里，一方面让我们看到先贤对"仁爱"的推崇，做人的重要性，但同时我们也看到了其中的局限性：重做人轻做事的倾向。试想：乐羊为了表达自己有仁爱之心，停止攻打中山国，或干脆投降中山国，反戈一击，攻打起魏国，如何？是"仁"还是背叛？秦西巴放了小鹿之后，孟孙大加赞赏，后果将会如何呢？他的门客纷纷效仿秦西巴，一门心思地做好人。孟孙不是天天打猎，没那么多小鹿可放，于是门客们就把孟孙家中的鸡鸭鹅兔马牛羊猪狗驴统统放跑了，那就乱套了！

重人品轻做事的倾向，是对人性化管理的误解，也不符合现代企业管理的精神。滥竽充数业绩低下的"好人"——在管理学是有个专用名词叫"瘦狗型员工"，是企业要淘汰的对象。人性化管理不是保护落后，企业不是福利院。

四、制度化建设

法德管理是制度化、规范化及自我管理、文化管理为一体的管理原则。

制度化建设在国家的层面上就是立法和司法，在组织层面就是规章制度的建立和执行。立法、建立规章制度应该遵循"科学、民主、透明、刚性、适度、平等"原则，并且要设立预警系统和监督机制。要深刻、详细理解这些原则及要求，需通读法学与管理学。不识庐山真面目，只缘身在此山中，从法学与管理学中跳出来，高屋建瓴，方可看清其全貌。下面一一分述之。

1. 科学原则

2012 年公安部有关部门出台一个"条例"：闯黄灯视同闯红灯。对此，我不止于就事论事，还将通过这个案例来谈立法或制度规章建立的问题。

"条例"规定自 2013 年 1 月 1 日起开始实施，新的《机动车驾驶证申领和使用规定》，闯黄灯视同闯红灯都扣 6 分，闯两次红灯扣 12 分，公安交管部门将扣留驾驶证，驾驶人需要参加道路交通安全法律、法规学习并接受考试（2012 年 12 月 28 日新华网）。

制定道路交通法规，目的是维护交通秩序，保护人民的生命安全，"条例"严格一些合情合理，但是，仅有良好的愿望是不够的。立法、制定规章制度必须建立在科学的基础上，必须有可行性。中央电视台越俎代庖做了一个粗糙的实验，请两个人——一个有二十年驾龄的教练，一个有十年驾龄的教练，驾驶车辆在道路限速规定内行驶，从看到黄灯时刹车，如果按照新"条例"，这两个教练，一天内就可能闯两次黄灯，扣 12 分，扣留驾驶证。何况一般的驾驶员。这车还怎么开？就是说，这项"条例"在实践中根本行不通。

有人说，倘"闯黄灯视同闯红灯"，那还要黄灯干什么？只要红灯和绿灯就行了——红灯停，绿灯行。其实，连绿灯也不需要，只留一个红灯就行了。红灯停，红灯灭了就行。在我看来，红灯绿灯只留一个就可以了：留红灯，就是红灯亮了就停，红灯灭了就行；留绿灯，绿灯亮了就行，绿灯灭了就停。

闯黄灯视同闯红灯，相当于取消黄灯。黄灯表示警示，红灯代表禁止通行。"老"交通法规定的"黄灯亮时，已越过停止线的车辆可以继续通行；红灯亮时，禁止车辆通行"。黄灯的指示作用是留出一个缓冲时段，如果没有黄灯，红灯突然亮起，驾驶员很有可能会因为反应不过来而采取急刹车或闯红灯的不当措施，导致撞车或其他危险事故的发生。有黄灯作为缓冲，给驾驶员留出一定的自由空间采取应对措施——有条件的停下来，反应不及的可以在红灯亮之前通过，这就减轻、消除驾驶员的紧张感，既有利于安全，又可以提高单位时间内道路车辆的流量。

闯黄灯视同闯红灯，形同取消黄灯，实践中行不通，理论上不科学，给驾驶人员增加无谓的难度与风险，使交通"添堵"，直接与间接威胁到道路交通安全。

既然如此，这样的一个"条例"为什么会以国家的意志堂而皇之地出台呢？显而易见，这是"相关部门有关人员"，出于一种良好的愿望制定的。立法、制定规章制度，只凭主观愿望，不考虑在实践中是否行得通，是常识性的错误。

2. 民主原则

民主，是指在一定的阶级范围内，按照平等原则和少数服从多数的原则来共同管理国家事务的国家制度。民主的核心理念是，权力源自人民、要由人民授予，权力要接受监督制约，要对掌权者进行定期更换，权力更换和运行的规则由多数人决定。

但是，真正的民主是一种妄想。为什么这么说？既然认定民主是一种妄想，那为什么还要谈民主？

自从1951年斯坦福大学教授肯尼斯·阿罗令人信服地论证了这个结论，即任何可以想得出的民主选举制度可以产生出不民主的结果，这一论证使数学家和经济学家感到震惊。阿罗的这种令人不安的对策论论证立即在全世界学术界引起了评论。

1952 年,后来在经济科学方面获诺贝尔奖的保罗·萨谬尔森这样写道:"这证明了探索完全民主的历史记录下的伟大思想也是探索一种妄想、一种逻辑上的自相矛盾。现在全世界的学者们——数学的、政治的哲学的和经济学的——都在试图进行挽救,挽救阿罗的毁灭性的发现中能够挽救出的东西。"

阿罗的论证,称之为"不可能定理"(因为他证明了完全的民主是不可能的),该论证帮助他于 1972 年获得了诺贝尔经济科学奖。对策论中最早的和最惊人的成果之一,也就是阿罗的"毁灭性的发现"所产生的影响至今还能感觉到。

在民主投票中所固有的不民主悖论可以用一个例子来进行解释。

甲乙丙丁四个人参加总统选举,甲乙各获得 25% 的选票,丙获得 24% 的选票,丁获得 26% 的选票,结果丁当选总统,但是支持甲乙丙的选民统统反对丁当选总统。就是说,74% 反对的人当上了总统。民主投票得出一个不民主的结果。这种情况下,"民主是一种自我矛盾"。

有时候民主不存在。

譬如有一个三口之家,夫妻俩和一个宝贝女儿。女儿长的很靓,追求她的男生成群结队,相互之间争风吃醋。通过几轮海选,有三个男生进入最后一轮角逐。三个男生一个叫酷毙,一个叫帅呆,一个叫靓仔。酷毙幽默,帅呆浪漫,靓仔成熟。老爸希望选择一个成熟的女婿,老妈想选择一个幽默的女婿,女儿想选择一个浪漫的老公。假设这是个民主的家庭,连女儿选择对象这样的事都进行民主决策。在这种情况下,民主不存在。这也是团体决策困境。

民主、民意不一定正确。

假设民主反映了民意，但不能保证民意就是正确的——民意并不必然正确。《组织行为学》研究表明，群体的理性小于个体的理性之和。希特勒就是民选出来的。"三个臭皮匠顶一个诸葛亮"，事实上三十个臭皮匠也未必顶上一个诸葛亮，真理往往掌握在少数人的手里。

概括起来说，"绝对的民主是一种妄想和自相矛盾"，民主有时候不存在，民主、民意不一定正确，此外，民主有吊诡和使诈的空间，民意容易被操纵，民意容易被收买。

上面说的都是民主的不足之处，但我不是说民主一无是处，而让人民屈从于暴政或者独裁统治，而是想说明：民主不是"救世主"。现在许多人热衷于"民主"，假如不是别有用心，或为了一己之私，那一定是高估了民主的作用。

上面是从国家制度的宏观层面谈民主，下面我从组织决策原则的视角，谈谈民主。

作为组织决策原则，有三种典型：一是集权，二是民主，三是协商。

组织如果能够通过协商达成共识，那是最理想的；如果协商无法达成共识，作为决策，要么集权，要么民主。集权决策，凭一人之智，难免会有疏漏，且一个人思考十次可能都是沿着一个思路，十个人思考一次可能就是十条思路。那么实行民主决策如何？民主的局限性上面有所触及，民主在组织决策中行不通最根本的原因是：谁对结果负责？譬如民营企业，总经理是法人代表，四个副总经理，讨论企业的发展战略，协商没有达成共识，实行民主决策，少数服从多数，四个副总为企业制定战略，决策失误导致企业破产，这个后果谁来承担？只能由法人承担。显而易见，不能对结果负责，就不具有做决策的资格。集权决策有局限性，民主决策又行不通，作为民营企业究竟该如何决策？

集思广益＋集权。集思广益，避免了集权决策可能出现的信息屏蔽，思路相对比较宽阔，集思广益的看法供总经理参考，而不是少数服从多数，这就是集思广益加集权。所谓的民主集中制原则与之相似。

倘若是股份制企业该如何决策？譬如有五个股东，且每个人都占20%的股份，如何决策？从理论上讲，应该实行民主决策，少数服从多数。因为决策者可以对后果负责。当然，这并不意味着民主决策能保证多数人的决策比少数人的决策好。

倘若是国有企业该如何决策？

国有企业的决策与国家决策相通，只是"具体而微者也"。简约来说就是：集思广益＋参数＋集权。这里的"参数"，或是"外脑"——相关的咨询机构、顾问，或者上级的指示精神等。

3. 刚性原则

刚性原则的第一层含义是法律制度（规章制度）弹性空间适度。

我在中国检察官学院（上海）为全国市级检察长轮训时讲授《法德管理》，抛出一个问题，贩毒50克当如何？——法律规定死刑。但我们在现行的法律实践中是怎么判决的？或判10年，或判15年、或无期、或死缓、或死刑。为什么会有这么大的差别？因为情况不一样，"立功"表现不一样，认罪态度不一样。有什么样的立功表现判10年？什么样的表现判15年？必须有清晰的量化标准，弹性太大——譬如，"贩毒50克，视其认罪态度及立功表现判处10年以上直至死刑"，就会给司法带来难度，也带来"空间"，依靠法官行使"自由裁量权"就不能保证公平，就可能滋生腐败。与刚性相对应的是"橡皮筋"。

刚性原则的第二层含义是"一刀切"。

譬如，组织制度规定迟到10分钟，罚款50元。某女士迟到10分钟，因为她的孩子感冒了，带到医院打点滴导致的。罚还是不罚？罚，似乎不近人情，设想不罚会如何？如果不罚，其他迟到的人同样不能罚。其他人的孩子不可能都感冒，但会有其他原因，没有任何让人理解和同情的理由（譬如只是想多睡一会觉）还可以编造一个。如此一来，规章制度形同虚设，所以必须罚。孩子生病，带孩子到医院打点滴当然可以请假，请假罚还是不罚？如果不罚的话，岂不是通过请假这个环节把迟到早退合法化了吗？所以，请假也要罚，只不过要少罚一点。不请假罚款50元，请假罚款45元，最少不低于40元，否则就弱化了奖罚的力度。

在规章制度量化标准清楚的前提下，执行时应不讲任何理由。"一刀切"是有弊端的，但是任何制度、决策有利就有弊，只有利没有弊的制度和决策不存在，一个制度、决策是否可行，首先要权衡利弊，弊大于利就不可行，利大于弊就是可行的。"一刀切"有弊端，但利大于弊，因而是可行的；"具体问题具体分析"，会把所有的普遍性变成特殊性，且加大制度执行的难度和成本，弊大于利，因而不可行。"具体问题具体分析"更多的时候是和稀泥，是随意、无原则的托词。

4. 适度原则

严刑厚赏是法家的智慧，遗憾的是法家最后走过了，成了严刑峻法。奖惩力度太小，跟搞平均主义差不多，积极的不再积极，消极的会更加消极。

上海公司上班时间一般都是九点，公司规章制度中规定，迟到十分钟罚款五元，二十分钟十元，以此类推，办公室三十余人，几年时间，每天大约有三分之一的人迟到。迟到的理由基本都是堵车。老领导退居二线，新领导上任，修改规章制度，制度规定，迟到十分钟罚款三十元，二十分钟六十元，以此类推，新的规章制度实施后，几乎没有人迟到了，好像上海的交通状况一天之内就改观了。

所谓"适度"，就是法律制度的制定，在奖优惩劣方面要能起到激励与震慑的作用。既不是假惺惺作秀似的伪以德治国或美其名为人性化管理的人情化管理，也不是标榜以法治国的严刑峻法或缺乏文化建设的制度化管理。奖罚要有力度，不能让人感觉无所谓。奖要让人欣喜而积极为之，罚要让人生畏而不敢为之。惟其如此，制度才能产生作用。

5. 平等原则

什么是平等？

不平等现象贯穿于人类社会的发展历史，是一切社会形态的"社会问题"。平等是道家的一大理想。法家的思想可用六个字来概括："严刑、厚赏、一教"，其中的"一教"就是否定儒家的等级制度，平等思想是法家的理论基础，法家主张"王子犯法与庶民同罪"，人类对平等的追求与探索从来就没有停止过。没有平等就没有自由、民主和法制，而自由、民主、法制是现代文明的主要特征，因此可以说：平等是现代文明的基础。

要解决人类的不平等问题，首先要探讨造成不平等的根源。

卢梭在《论人类不平等的起源和基础》中将不平等的原因分为两类：一是起点不平等，二是竞争过程中主客观条件不平等。由于人们与生俱来的譬如智愚、形象、家庭背景、社会环境，以及努力程度等因素的不同，只要大家遵循相同的竞争规则，结果必然不一样。如果无论起点与竞争过程的主客观条件如何，结果都一样，说明竞争规则不公平。历史上历次"等贵贱，均贫富"的农民起义最终都没有成为现实，人民公社的倒掉，都证明追求终点平等是一条死路。它扼杀了人的积极性、主动性和创造性。认同结果"不平等"——差距，则有利于调动人们的创造力和工作热情，有利于促进社会发展、进步。

一个人出生在什么样的国家民族家庭背景是男是女形象如何智商高低

等等，我们无法选择无能为力，就是说起点的不平等是今世无法追求，结果的"不平等"，"不平等"才公平。那么，我们追求的平等究竟是什么？——人格平等，竞争规则公平，法律制度面前人人平等。

立法、司法实践中的"照顾弱势群体"，又一个常识性的错误。

平等的价值是什么？

唐高祖李渊曾率兵攻占隋朝的霍邑，军队中有一部分士兵是应募的奴隶。战争打得很惨烈，双方伤亡惨重。占领霍邑后，李渊决定召开庆功会，赏赐那些立下战功的将士，这时一位大臣奏道："随军之奴隶本为下贱之人，不宜论功得赏。"李渊说："矢石之间，不辨贵贱，论功之际，何有等差？"

在相同的时空背景和条件下，无论亲疏贵贱、身份背景如何，因罪量刑，论功行赏，奖罚分明，不因人而异，一碗水端平，一视同仁，这是游戏规则平等。设若李渊论功之时因身份的不同区别对待，那么，在此后的战争中，奴隶们谁还会冲锋陷阵？

法家的思想可用六个字高度概括："严刑、厚赏、一教"，"一教"是"一赏一刑"的法家思想教育推动和被广泛理解、接受的过程。"一赏"，就是利禄、官爵的赏赐只集中于战功，而不问其他；"一刑"，就是废除"刑不上大夫，礼不下庶人"的旧规，法律面前人人平等。平等是法家思想的核心。秦国之所以在长达百年的兼并战争中越战越强最后灭掉东方六国，是实行法治的结果。

要而言之，"上层"对"下层"的平等不仅是道德要求，而且还有"实用价值"，有利于创造共赢。

不平等意识。

不平等意识的成因有三：一是诸多游戏规则不平等——现行的制度设计存在一些缺陷，二是"红眼病"——嫉妒，三是"自我歧视"。

到美国的许多亚洲新贵（通俗点说叫暴发户），发现身边少了已习惯的羡慕、景仰，多了一份失落。于是他们不失时机地发放印有董事长字样的名片，一掷千金地买了名车豪宅。但是，就连那些开破车美国佬也是视而不见，新贵们傲气顿失。一个访美的亚洲官员说：在国内，别人见了我都点头哈腰，可在美国这个鬼地方，连拣破烂的人腰板都挺得直直的。

开破车的美国佬对新贵们的名车、豪宅视而不见，拣破烂的人腰板都挺得直直的，于是"新贵们傲气顿失"。由此看来，权贵们的"傲气"与人们的眼神和腰板有关。换句话说，权贵们的"傲气"是人民点头哈腰、低眉折腰"惯"出来的。

如果反过来问：为什么会有这样的人民呢？一是文化熏陶，二是制度造成的。在专制政体下，权贵们掌握着特权，决定着影响着人民的生存权和发展权；处于从属、依附或被控制地位的人民，如果不"低眉折腰事权贵"，就会受到伤害，怎么能挺起腰杆呢？从这个意义上说：有什么样的领袖和制度，就有什么样的人民。

因而，要"平等"，需要从两个方面努力：其一，培养自身的平等意识，努力追求平等；其二，作为领袖要积极推进民主制度的建设与完善。

现实生活中，人们感觉不平等，一是现实的游戏规则的不平等，二是对起点不平等的无奈和对终点不平等的嫉妒，三是根植于人们内心深处的不平等意识——"自我歧视"。譬如："我是普通老百姓，所以别人瞧不起我。"认为别人歧视自己，本质上是"自我歧视"。

在克林姆林宫工作了60多年的清洁工波利雅，当有人问她做什么工作时，她说："我的工作和总统的工作差不多：总统拾掇俄罗斯，我拾掇克林姆林宫。"

波利雅是打扫卫生的，但是她不认为自己低人一等，没有感觉到"不平等"的存在。由此看来，平等与否，还是一种自我的心理感受，一种心理素质。而心理素质是可以培养的。

人性的黑洞。

如果我们从人性的视角，对"平等与不平等"这一课题作"定性"考察，则全人类大体都是相同的。

《儒林外史》的人物胡屠户，当他的女婿范进中举之后，他的平等意识受到了激发，说出这么一段话：

"你如今中了相公，凡事要立起个体统来。比如我这行的，都是些正经有脸面的人，又是你的长亲，你怎敢在我们面前做大？"

按照传统的等级观点，秀才虽说仅属于知识阶层最低一级，但其地位毕竟比杀猪屠夫小商小贩要高些，胡屠户对秀才女婿范进提出的平等要求，是完全可以理解的。但非常遗憾的是，他又流露出来强烈的不平等意识，要求秀才的女婿不要忘了端起架子：

"若是门口这些做田的，扒粪的，不过是平头百姓，你若是同他们拱手作揖，平起平坐，这就是坏了学校的规矩，连我的脸上都无光了。"

胡屠户这样屠夫与小商小贩，与"做田的、扒粪的平头百姓"有什么区别？然而胡屠户却认为自己高他们一等，这不免让人觉得可笑。小说家像我们深刻地揭示了人性中根深蒂固的不平等意识。

正如平等的意识原本是人性的需求一样，不平等的意识其实也是人性的一种要求。当人们面临比自己地位高的人时，人们常流露出强烈的平等意识，但是当人们面对比自己地位低的人时，又表现出强烈的不平等意识。平等意识与不平等意识的是人性的两个侧面，同时并存。

人性的黑洞换一个说法就是：人都是追求不平等的，对不平等的愤恨不是不平等的本身，而是因为觉得自己处于低下的地位，对不平等的仇视与抗争不是为了消除不平等，而是为了让自己处于让人仰视的地位。

比起上层阶级来，下层阶级的不平等意识使他们显得不仅可笑，而且可悲。对下的不平等意识，使得他们失去对上要求平等的理由，也就等于默认了别人对自己不平等的合理性。

电视剧《马大帅》中有一个人物"彪哥"，就是这样的一个典型的人物。在"维多利亚大酒店"总经理面前，是一付道道地地的奴才相，但是，在部下面前颐指气使、趾高气扬表现得像个主子，将人性的两面性演绎得淋漓尽致。

人既有平等意识，又有不平等意识，它给我们在人际交往中的提供的方法论意义是：

对于"上级"，我们尊重他，但不卑不亢。尊重，以满足人性要求不平等的一面。不要一厢情愿地认为跟谁都可以称兄道弟平起平坐，其结果必然是自取其辱。不卑不亢，在满足"上级"对人性不平等需求的同时也满足了自身对平等的要求。对于"下级"，我们应以平等的姿态对待他，以满足人性对平等的要求。这是一种修养、一种境界。

每个人都处在一个几乎没有两极的等级序列中，"上级"以平等的姿态与心态对待"下级"，"下级"尊重"上级"，这样，一种良性的人际互动就会形成。作为组织，和谐的文化氛围才能形成；作为国家，"全体人民平等友爱，融洽相处"的和谐社会才可能实现。

6. 建立预警系统

一对儿女满堂的老夫妇正庆祝他们的金婚日。他们的老邻居——一位中年人问老先生："从我记事时开始，就没听到过你们吵架的声音，难道你们之间从来就没有任何争执？你们是怎么做到这一点的？”老先生说：
“争执自然是有的，不过都不会扩大到吵架的地步……这么说吧，我从蜜
月旅行的时候，就懂得克制的好处。那时交通不便，我们到大峡谷去度蜜
月。一人雇了一头驴子。她的驴子显然好吃懒做，没走多久就赖在路边不
走了。我的太太向驴竖起一个指头，冷冷地说：‘第一次。’驴子第二次
偷懒的时候，太太向驴竖起两个指头，冷冷地说：‘第二次。’当驴子第
三次停下的时候，太太不慌不忙地掏出左轮手枪，对准驴头开了一枪，溅
了我一身的血浆。”邻居说：“你太太真是太残忍了！”老先生说：“就
是这样！我看不下去了，我指责她说：‘你太冷酷了！怎么可以这样！’
她并不跟我争辩，只是向我竖起一个指头，冷冷地说：‘第一次……’于
是，就有了这个金婚纪念日。”

原来，这桩金婚的“秘诀”是“恐怖平衡”。

企业的惩罚制度，就是用来维持“恐怖平衡”的，不然就成了一张废纸。

7. 强化监督机制

曾为某啤酒集团的百余名销售经理做培训。下午两点半上课，有三
位大区经理迟到近半小时。制度规定，迟到十分钟罚款一百，二十分钟
二百，以此类推。总经理对分管销售经理的李副总说：照章办事，每人罚
款三百元，交现款，下课后就把罚款收上来。晚餐时，我问李副总：真要
每人罚款三百元吗？李副总说：哪能呢！总经理就是这个脾气，罚款不是
目的。我问：怎么处理这件事？李副总说：下不为例。我问：假如发生第
二次呢？李副总说：告诫他，容忍是有限度的！我问：如果发生第三次呢？
李副总说：事不过三！我问：超过三次呢？李副总说：绝对不会超过三次！
我问：超过三次就把他开除？李副总道：这样的会议一年只开三次。

如此这般，规章制度形同虚设。怎么解决这个问题？监督者还要有监

督者。如果李副总没有把罚款收缴上来，那么，这三个人的九百块钱罚款由李副总垫付，再罚李副总九百块钱，且公告全公司，让全公司人人都知道。假如制度这样设计，总经理照章办事，结果会怎样？副总会对总经理有意见？那样的话，说明副总太不称职。实际上副总高兴都来不及！试想，副总被罚九百元之后，三位没有交罚款的大区经理会如何？会乖乖地把三百块钱罚款还给李副总。从此以后，大区经理谁再违反规章制度，李副总行使权力，大家还会对李副总有意见吗？作为大区经理这点换位思考的能力是有的，如果李副总不履行监督职责，职务不保，大区经理即便被罚，也不会迁怒李副总，制度使然。怕的是，李副总不罚三位大区经理，总经理也不罚李副总，这样的话，从此以后，李副总罚谁谁对李副总有意见。李副总担心引起众怒，睁一只眼闭一只眼地和稀泥，权力被弱化，成为"多余的人"。

监督者缺乏监督，制度就会沦为一纸空文。